医药高等教育创新实验教材

药物合成反应实验

主编　赵英福　刘凤华

中国医药科技出版社

内 容 提 要

　　本书为医药高等教育创新实验教材之一。是根据高等医药院校药物合成反应课程的教学基本要求，结合药物合成反应实验教学改革成果而编写。全书由三部分构成，第一部分为实验基本知识；第二部分为基本实验技能与操作；第三部分为药物合成反应实验。书末附有附录。

　　本书可作为药学院校制药工程专业本科及专科药物合成反应实验教材，也可供从事药品生产、研究的有关专业人员参考使用。

图书在版编目（CIP）数据

　　药物合成反应实验/赵英福，刘凤华主编 . —北京：中国医药科技出版社，2013.8
　　医药高等教育创新实验教材
　　ISBN 978 - 7 - 5067 - 6187 - 1

　　Ⅰ. ①药…　Ⅱ. ①赵…　②刘…　Ⅲ. ①药物化学 - 有机合成 - 化学反应 - 实验 - 高等学校 - 教材　Ⅳ. ①TQ460. 31 - 33

　　中国版本图书馆 CIP 数据核字（2013）第 166246 号

美术编辑　陈君杞
版式设计　郭小平
出版　中国医药科技出版社
地址　北京市海淀区文慧园北路甲 22 号
邮编　100082
电话　发行：010-62227427　邮购：010-62236938
网址　www. cmstp. com
规格　787×1092mm ¹⁄₁₆
印张　4¾
字数　86 千字
版次　2013 年 8 月第 1 版
印次　2013 年 8 月第 1 次印刷
印刷　北京印刷一厂
经销　全国各地新华书店
书号　ISBN 978 - 7 - 5067 - 6187 - 1
定价　**15. 00 元**
本社图书如存在印装质量问题请与本社联系调换

医药高等教育创新实验教材建设委员会

前言 foreword

　　药物合成反应实验是制药工程专业的重要实验课程。我们根据教学大纲，结合多年来的教学实践，编写了这本实验教材。目的是通过实验课的教学环节加深对"药物合成反应"课程基本理论和基本知识的理解；掌握和熟悉有关药物合成的单元反应操作及药物合成综合性实验，培养学生理论联系实际、实事求是的科学态度及独立思考解决实际问题的能力。

　　本教材共分三个部分：第一部分介绍了药物合成实验中必须掌握的基本知识；第二部分介绍了基本实验技能与操作；第三部分介绍了 21 个药物合成反应实验。书末附有附录，介绍药物合成反应实验中经常用到的各类数据资料，以方便查阅。

　　本书第一部分由刘凤华编写；第二部分及实验一、二、三、四、五、十二由李雪梅编写；实验六、七、十三、十八由廉明明编写；实验八、九、十六、十九由李进京编写；实验十、十一由沈广志编写；实验十四、二十、二十一及附录由梁启超编写；实验十五、十七由赵英福编写，并完成全稿修改和整理工作。

　　尽管作者在编写过程中，作了多方努力，但因水平所限，难免会有疏漏或不妥之处，恳请广大读者予以批评指正，以便我们使其更加完善。

编　者
2013 年 5 月

目录 contents

第一部分

实验基本知识

一、实验室安全及事故的预防与处理

药物合成反应实验中，经常使用易燃、易爆、有毒和腐蚀性的溶剂和药品，易燃的溶剂如乙醚、丙酮、乙醇、苯和石油醚等；易燃易爆气体或药品，如氢气、氧气、乙炔和干燥的 2，4，6 – 三硝基苯酚等；有毒的药品如氰化钾、氰化钠、硝基苯和某些有机磷化合物等；有腐蚀性的药品，如浓硫酸、浓盐酸、浓硝酸、火碱、液溴和氯磺酸等。所有这些溶剂和药品，如果使用不当，就有可能发生着火、爆炸、烧伤或中毒等事故。与此同时，在进行药物合成反应实验过程中，一般使用玻璃制品及电器设备，如果处理不当，易发生各种事故。因此，进行药物合成反应实验时，必须注意安全。

实验室中各种事故的发生往往是由于不熟悉仪器、药品的性能，未按合理操作规程进行实验或思想麻痹大意所引起的。只要实验前充分预习，实验中认真操作，加强安全意识，可以避免事故的发生。为了防止事故和发生事故后做好及时处理，学生应了解实验室的基本知识，并认真遵守。

（一）实验室一般注意事项

（1）实验室是进行教学和科研的重要场所，进入实验室要严格遵守各项规定，衣着整洁，保持肃静，不得高声喧哗和交谈与实验内容无关的事。

（2）爱护各种实验仪器和设备，室内公用的器材，使用后应放回原处，不得携带出室外或挪作他用。

（3）严禁在实验室内吸烟、饮食。

（4）实验前弄清实验室内水、电、气体钢瓶的管线开关和各种钢瓶的标记，切忌弄错，绝对禁止违章操作。

（5）实验开始前，按照要求认真地进行实验预习，熟悉药品和仪器的性能及装配要点，合理安排好实验。仔细检查仪器是否完整无损，安装实验装置后要检查是否正确稳妥。

（6）对于可能发生危险的实验，应采取必要的防护措施，如使用防护眼镜、面罩、手套和防毒面具等。熟练使用各种安全用具及有关材料。

（7）实验过程中，要仔细观察，认真思考，如实记录实验现象，经常注意观察仪器有无漏气、破损和反应器内的反应是否正常等。

（8）实验过程中用到的各种药品不得散失或丢弃，应将废物投入到指定的地点。反应中所产生的有害气体必须按规定进行处理，以免污染环境。

（9）损坏仪器必须及时报告，根据破损的原因和程度酌情赔偿。

（10）实验完毕后，应将实验原始记录交给指导老师签字后方能离开实验室。值日生应将实验室内的清洁卫生做好，并将实验器材、物品整理就绪，关好水、电、窗户。在指导老师检查合格后，方能离开实验室。

（二）实验室发生事故的预防与处理

1. 割伤　一般造成割伤有如下几种情况：一是装配仪器时用力过猛或装配不当；二是装配仪器用力处远离连接部位；三是勉强连接口径不合的仪器；四是玻璃折断面未烧圆滑而有棱角。

预防玻璃割伤，要注意以下几点：切割玻璃棒（管）后，断面应在火上烧熔以消除棱角；注意仪器的口径，要配套；按要求正确地装配仪器。

如果不慎，发生割伤事故要及时处理，先将伤口处的玻璃碎片取出。若伤口不大，用蒸馏水洗净伤口，再涂上红药水，撒上止血粉，用纱布包扎好。伤口较大或割破了主血管，则应用力按住主血管，防止大出血，及时送医院治疗。

2. 着火　预防着火要注意以下几点：

（1）不能用烧杯或敞口容器盛装易燃物品。加热时，应根据实验要求及易燃物品的特点选择热源，注意远离明火。

（2）尽量防止或减少易燃物品的气体外逸，倾倒时要先灭火源，且注意室内通风，及时排出室内的有机物蒸气。

（3）易燃及易挥发物质，不得倒入废液缸内。用量大的要专门回收处理；用量少的可倒入水槽用水冲走（与水有猛烈反应者除外，金属钠残渣要用乙醇销毁）。

（4）实验室不准存放大量易燃物。

（5）注意防止气体钢瓶管、阀漏气。

实验室如果发生了着火事故，应沉着镇静并及时地采取措施，控制事故的扩大。首先，立即熄灭附近所有火源，切断电源，移开未着火的易燃物品。然后，根据易燃物的性质和火势设法扑灭。

常用的灭火剂有二氧化碳、四氯化碳和泡沫等。干砂和石棉网也是实验室里经济、常用的灭火材料。二氧化碳灭火器是实验室最常用的灭火器，这种灭火器内存贮压缩的二氧化碳，使用时，一手提着灭火器，一手应握在喷射二氧化碳喇叭筒的把手上打开开关（不能手握喇叭筒，以免冻伤），二氧化碳即可喷出。这种灭火器灭火后的危害小，特别适用于油脂、电器及其他比较贵重的仪器着火时灭火。

四氯化碳和泡沫灭火器，虽然也都具有比较好的灭火效能，但是存在一些问题，如四氯化碳在高温下能生成剧毒的光气，而且与金属钠接触会发生爆炸。泡沫灭火器喷出大量的硫酸氢钠、氢氧化铝，污染严重，给后处理带来麻烦，因此，除不得已时是不使用这两种灭火器。不管使用哪一种灭火器都是从着火的周围开始向中心扑灭。

在大多数情况下水不能用来扑灭有机物的着火。因为一般有机物都比水轻，泼水后，火不但不熄灭，反而漂浮在水面燃烧，火随水流促其蔓延。

地面或桌面着火，如火势不大，可用淋湿的抹布来灭火；反应瓶内有机物的着火，可用石棉板盖住瓶口，火即熄灭；身上着火时，切勿在实验室内乱跑，应就近卧倒，用石棉布等把着火部位包起来，或在地上滚动以灭火焰。

3. 爆炸 实验时，仪器堵塞或装配不当；减压蒸馏使用不耐压的仪器；违章使用易爆物；反应过于猛烈，难以控制都有可能引起爆炸。为了防止爆炸事故，应注意以下几点：

（1）常压操作时，切勿在封闭系统内进行加热或反应，在反应进行时，经常检查仪器装置的各部分有无堵塞现象。

（2）减压蒸馏时，不得使用机械强度不大的仪器（如锥形瓶、平底烧瓶、薄壁试管等）。必要时，要戴上防护面罩或防护眼镜。

（3）使用易燃易爆物（如氢气、氧气、乙炔和过氧化物）或遇水易燃烧爆炸的物质（如钠、钾等）时，应特别小心，严格按操作规程办事。

（4）反应如果过于猛烈，要根据不同情况采取冷冻和控制加料速度等。干燥的重氮盐受振动易爆炸，一般应现合成随即使用。

（5）必要时可设置防爆屏。

4. 中毒 化学药品大多具有不同程度的毒性，产生中毒的主要原因是皮肤和呼吸道接触或吸入有毒气体或有毒的物质所引起。在实验中，要防止中毒，应该做到以下几点：

（1）称量任何药品都得使用工具，不得用手直接接触，药品不要沾在皮肤上，尤其是毒性大的药品。实验用的任何药品都不可用口尝试；确定其气味时也不可大量吸入其蒸气。

手上如沾染药品，应用肥皂和冷水洗除。不可用热水，以免皮肤的毛孔张开，反使药品更易渗入。

溅入口中而尚未咽下的应立即吐出来，并用大量水冲洗口腔；如吞下时，应根据毒物的性质给以解毒剂。①腐蚀性毒物：对于强酸，先饮大量的水，再服氢氧化铝、鸡蛋白；对于强碱，也要先饮大量的水，然后服用醋、酸果汁、鸡蛋白。不论酸或碱中毒都需灌牛奶，不要吃呕吐剂。②刺激性及神经性中毒：先服牛奶或鸡蛋白使之缓和，再服用硫酸镁溶液（约30g溶于一杯水中）催吐，有时也可用手指，伸入喉部催吐后，立即送医院。③吸入气体中毒：将中毒者搬到室外，解开衣领及纽扣；如吸入少量氯气和溴气者，可用碳酸氢钠溶液漱口，并立即送医院急救。

（2）处理有毒或腐蚀性物质时，必须在通风橱内进行，并戴上防护用品。

（3）沾染过有毒物质的仪器和玻璃用具，用过后应立刻采取适当的方法处理以破坏或消除其毒性。实验室中若有水银泼散，应尽可能收集起来；余留的残迹可用硫磺粉消灭。

在实验过程中如有头晕、乏力、呼吸困难等症状，应到空气新鲜的地方休息，如出现呕吐等其他较严重的症状，应即刻就医诊治。

5. 灼伤 皮肤接触了高温，如热的物体、火焰、蒸气；低温，如固体二氧化碳、液氮；腐蚀性物质，如强酸、强碱、溴等都会造成灼伤。因此，实验时，要注意避免皮肤与上述能引起灼伤的物质接触。取用有腐蚀性的化学药品时，应戴上橡皮手套和防护眼镜。

实验中发生灼伤，要根据不同的灼伤情况分别采取不同的处理方法。

（1）酸灼伤

皮肤：立即用大量水冲洗，然后用5%碳酸氢钠溶液冲洗，再涂上烫伤软膏，并将伤口包扎好。

眼睛：抹去溅在眼睛外面的酸，立即用水冲洗，用洗眼杯或将橡皮管套上水龙头用水对准眼睛冲洗，冲洗后，如眼睛仍未恢复正常，应马上送医院就医。

衣服：先用水冲洗，再用稀氨水洗，最后用水冲洗。

地板：先撒石灰粉，再用水冲洗。

（2）碱灼伤

皮肤：先用水冲洗，然后用饱和硼酸溶液或1%的醋酸溶液洗涤，再涂上药品，并包扎好。

眼睛：擦去溅在眼睛外面的碱，用水冲洗，再用饱和硼酸溶液洗涤后，滴入蓖麻油。

衣服：先用水冲洗，然后用10%的醋酸溶液洗涤，再用稀氨水中和多余的醋酸，最后再用水冲洗。

（3）溴灼伤　应立即用酒精洗涤，涂上甘油，用力按摩，将伤处包好。如眼睛受到溴的蒸气刺激、暂时不能睁开时，可对着盛有三氯甲烷或酒精的瓶内注视片刻。

（4）烫伤　轻伤者应在患处涂红花油，然后搽一些烫伤软膏；重伤者涂烫伤软膏，立即送医院诊治。

6. 触电　电器设备使用不慎或保护不周时，会使人触电并引起伤亡，或引起火灾、爆炸。因此，只要电器产生极微的电击，就应立刻断绝电源进行检修。在修理或改装电器设备时，必须关掉电源以免触电。使用电器时，应注意手、衣服及四周是否干燥，如电器已水湿受潮，应立刻断绝电源，擦干后再继续使用。

7. 实验室常用的急救药品和物品　实验室常用的急救药品和物品有医用酒精、红药水、紫药水、碘酒、止血粉、凡士林、玉树油或鞣酸油膏、烫伤膏、药用蓖麻油、饱和硼酸溶液、1%醋酸溶液、5%碳酸氢钠溶液等。医用镊子、剪刀、纱布、药棉、绷带、洗眼杯、橡皮管等。

二、实验常用仪器和设备

熟悉药物合成反应实验需要用到的仪器、用具和设备是对实验者的起码要求。药物合成实验常用的玻璃仪器一般都是由钾或钠玻璃制成。使用时要注意以下几点：①使用玻璃仪器时要轻拿轻放。②加热玻璃仪器时至少要垫石棉网（试管加热有时可用试管夹）。③厚壁玻璃器皿不耐热（如抽滤瓶）不能用来加热；锥形瓶不能做减压用；

广口容器不能贮放有机溶剂（如烧杯）；计量容器不能高温烘烧（如量筒）。④使用玻璃仪器后要及时清洗、干燥（不急用的，一般以晾干为好）。⑤具有旋塞的玻璃器皿清洗后，在旋塞与磨口之间应放纸片，以防黏结。⑥不能用温度计做搅拌棒，温度计用后应缓慢冷却，特别是用有机液体膨胀液的温度计，由于膨胀液黏度较大，冷却快了液柱断线；不能用冷水冲洗热温度计，以免炸裂。

现将药物合成反应实验中比较常见的玻璃仪器和其他一些主要装置及设备分别介绍如下。

（一）常用玻璃仪器

药物合成实验中常用标准磨口玻璃仪器。由于玻璃仪器容量及用途不一，因此，标准磨口仪器有不同的编号，通常标准磨口有 10，14，19，24，29，34，40，50 等。这些编号是指磨口最大端直径数值（单位为 mm）。相同编号的内外磨口可以紧密连接。磨口仪器也有用两个数字表示磨口大小的，如 14/30 表示该磨口仪器最大直径为 14mm，磨口长度为 30mm。有时两种玻璃仪器因磨口编号不同，无法直接连接，则可借助于不同编号的磨口接头使之连接。

常见的标准磨口玻璃仪器有烧瓶、冷凝管、锥形瓶、分液漏斗、滴液漏斗、蒸馏头等。实验装置是由一个个玻璃仪器和配件组成。各种玻璃仪器除了性能不同外，还有规格和形状不同。因此，考虑选用某一装置时，首先应根据实验的要求选择合适的玻璃仪器。

（1）烧瓶 烧瓶是药物合成中最常用的玻璃仪器，种类繁多，有单口、双口、三口等之分；有球形、茄形之分；有长颈、短颈和大小之分，如图 1-1 所示。一般瓶内待蒸馏物在加热过程中比较平稳或沸点较高者用短颈烧瓶，反之用长颈烧瓶。水蒸气蒸馏时只能用长颈圆底烧瓶。烧瓶大小的选择则要看盛装物质量的多少而定。普通蒸馏要求不超过烧瓶容量的 2/3（要考虑到受热体积增大），但也不能少于 1/3。而水蒸气蒸馏和减压蒸馏要求不能超过 1/3。还要根据具体的实验装置选择所需的口径和形状。

（2）冷凝管 常见的冷凝管有直形、蛇形、球形和空气冷凝管，如图 1-2 所示。多数情况下，回流装置用球形冷凝管，蒸馏装置用直形或空气冷凝管。被蒸馏物的沸点低于 130℃时用直形冷凝管，而当被蒸馏物的沸点高于 130℃时，用空气冷凝管而不能用直形冷凝管，因为直形冷凝管夹套里的冷却水会使玻璃接头炸裂。

蛇形冷凝管的冷却效果比较好，但是其管径小，蒸气挥发量不大，往往容易被冷下来的液体堵塞。在沸点高的情况下回流，也可用直形冷凝管。蒸馏沸点低的化合物时，想达到比较好的冷凝效果，也可以用球形冷凝管，但操作较麻烦（收集不同馏分时要卸装冷凝管）。

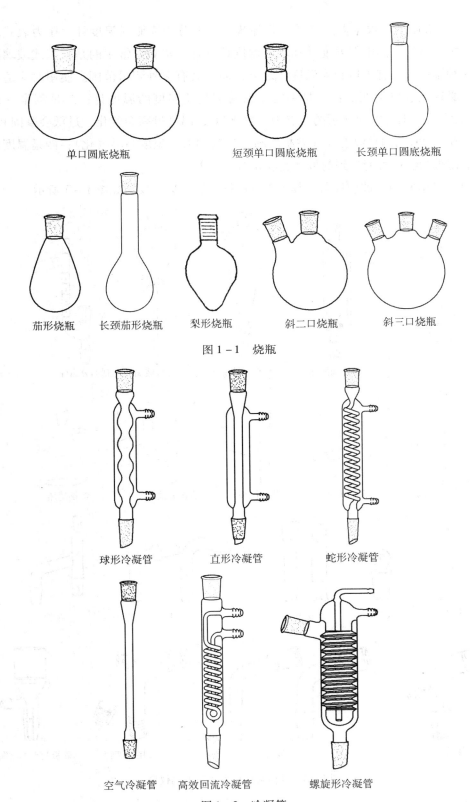

单口圆底烧瓶　　短颈单口圆底烧瓶　　长颈单口圆底烧瓶

茄形烧瓶　　长颈茄形烧瓶　　梨形烧瓶　　斜二口烧瓶　　斜三口烧瓶

图 1-1　烧瓶

球形冷凝管　　直形冷凝管　　蛇形冷凝管

空气冷凝管　　高效回流冷凝管　　螺旋形冷凝管

图 1-2　冷凝管

（3）温度计 根据温度计的工作原理，一般分为膨胀式温度计、压力表式温度计、电阻温度计、热电偶温度计和辐射温度计五种。实验室常用的是膨胀式玻璃温度计。这种温度计又有酒精和汞温度计之分，而且又有多种测量范围。使用时应适当地选择，必须注意以下四点：一是不能用低待测物质温度的温度计；二是测量 – 30 ~ 300℃的物质用汞温度计（汞的熔点为 – 38.87℃，温度过高会气化，过低会凝固）；三是测量 0 ~ 60℃用酒精温度计（酒精的沸点为 78.4℃，温度高易气化）；四是温度计的量程应比被测物质可能达到的最高温度高 10 ~ 20℃。

（4）其他常用的玻璃仪器 其他常见的标准磨口玻璃仪器如图 1 – 3 所示。

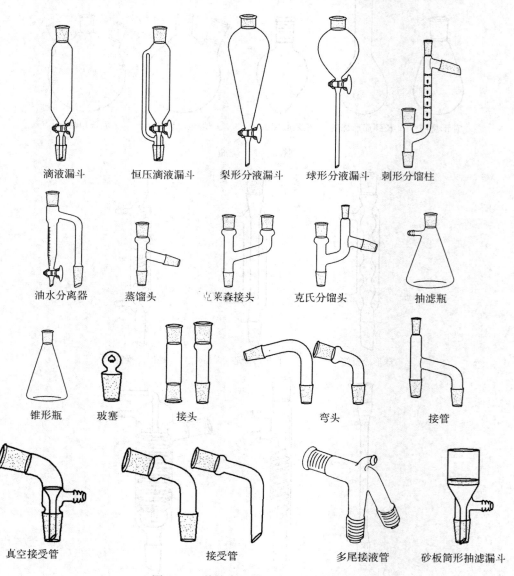

滴液漏斗　　恒压滴液漏斗　　梨形分液漏斗　　球形分液漏斗　　刺形分馏柱

油水分离器　　蒸馏头　　克莱森接头　　克氏分馏头　　抽滤瓶

锥形瓶　　玻塞　　接头　　弯头　　接管

真空接受管　　接受管　　多尾接液管　　砂板筒形抽滤漏斗

图 1 – 3　其他常用标准磨口玻璃仪器

标准磨口仪器使用时应注意下列事项：①磨口必须洁净，不得沾有固体物质，否则会使磨口对接不紧密，甚至损坏磨口。②用后应立即拆卸洗净，否则放置太久磨口的连接处会黏结，很难拆开。③一般使用时，磨口不需涂抹润滑剂，以免沾污反应物或产物。若反应物中有强碱，则应涂润滑剂，以免磨口连接处因碱腐蚀而黏结，无法拆开。对于减压蒸馏，所有磨口应涂润滑剂以达到密封的效果。④安装磨口仪器时，应注意整齐、正确，使磨口连接处不承受歪斜的应力，否则仪器易破裂。⑤洗涤磨口时，应避免用去污粉擦洗，以免损坏磨口。

（二）电学仪器

1. 机械搅拌器　机械搅拌器在药物合成实验中用得比较多，一般适用于非均相反应。使用时应注意接上地线，不能超负荷。轴承每学期加一次润滑油，经常保持电动搅拌器的清洁干燥，还要防潮、防腐蚀。

2. 磁力搅拌器　磁力搅拌器是通过磁场的不断旋转变化来带动容器内磁转子随之旋转，从而达到搅拌的目的。一般都有控制转速和加热的装置。反应物料较少，加热温度不高的情况下使用磁力搅拌器尤为合适。

3. 电加热套　电加热套是用玻璃纤维包裹着电热丝织成帽状的一种加热器，加热和蒸馏易燃有机物时，由于它不是明火，因而具有不易引起着火、热效率高的优点。加热温度用调压变压器控制，最高加热温度可达400℃左右，是实验中一种简便、安全的加热装置。电热套的容积一般与烧瓶的容积相匹配，从50ml起，各种规格均有。电热套主要用做回流加热的热源。

4. 旋转蒸发仪　旋转蒸发仪是由电机带动可旋转的蒸发器（圆底烧瓶）、冷凝器和接收器组成，如图1-4所示。可以在常压或减压下操作，可一次进料，也可分批吸入蒸发料液。由于蒸发器的不断旋转，可免加沸石而不会暴沸。蒸发器旋转时会使料液附于瓶壁形成薄膜，蒸发面大大增加，加快了蒸发速率。因此，旋转蒸发仪是浓缩溶液、回收溶剂的理想装置。

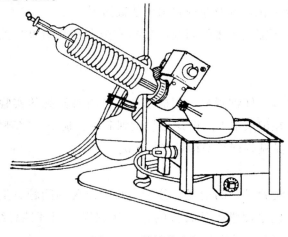

图1-4　旋转蒸发仪

5. 循环水真空泵 循环水真空泵不仅是一种真空抽气装置，同时还能向反应装置中提供循环冷却水，并具有不用油、无污染、耐腐蚀、方便灵活等特点。抽真空结束时，应注意防止产生循环水倒吸，先拆开连接抽滤瓶的胶管或慢慢打开缓冲瓶的两通活塞，然后关闭循环水真空泵。每隔一段时间应更换真空泵中循环水。长时间不用真空泵时，需放净真空泵中的水。

三、实验预习、记录和实验报告

（一）实验预习

药物合成反应实验课是一门考查学生单元反应理论掌握情况并带有综合性的理论联系实际的课程，同时，也是培养学生独立工作能力的重要环节。因此，要达到实验的预期效果，必须在实验前认真地预习有关实验内容，做好实验前的准备工作。

实验前的预习，归结起来是看、查、写。

看：仔细地阅读与本次实验有关的全部内容，不能有丝毫的马虎和遗漏。

查：通过查阅手册和有关资料，了解实验中要用到或可能出现的化合物的性能和物理常数。

写：在看和查的基础上认真地写好预习笔记。

预习笔记的具体要求是：

（1）实验目的和要求，实验原理和反应式（正反应，主要副反应）。需用的仪器和装置的名称及性能，溶液浓度和配制方法，主要试剂和产物的物理常数，主要试剂的规格用量（g，ml，mol）都要一一写在预习本上，并计算出理论产量。

（2）阅读实验内容后，根据实验内容用自己的语言正确地写出简明的实验步骤，关键之处应加注明。步骤中的文字可用符号简化。例如，化合物只写分子式，克用"g"，毫升用"ml"，加热用"△"，加用"＋"，沉淀用"↓"，气体逸出用"↑"。仪器以示意图代之。这样在实验前已形成了一个工作提纲，实验时按此提纲进行即可。

（3）列出粗产物纯化过程及原理并画出装置简图。

（4）对于实验中可能会出现的问题（包括安全和实验结果）要写出防范措施和解决办法。

（二）实验记录

实验时应认真操作，仔细观察，积极思考，并将观察到的实验现象及测得的各种数据及时如实地记录在记录本上。记录必须做到简明、扼要，字迹整洁。实验完毕后，将实验记录和实验产品贴好标签交指导老师审阅。

（三）实验报告

实验报告是总结实验进行的情况、分析实验中出现的问题、整理归纳实验结果必不可少的一项环节，也是使学生从直接的感性认识提高到理性思维阶段的必要一步。因此必须深思熟虑地写好实验报告。

1. 实验报告的格式

①实验目的和要求；

②反应式；

③主要试剂及产物的物理常数；

④实验装置图；

⑤实验步骤及现象；

⑥粗产物的纯化过程及原理；

⑦产量、产率；

⑧问题讨论。

2. 几点说明

（1）实验报告只能在实验完毕后，报告自己的实验情况，不能在实验前写好。实验后必须及时交实验报告。

（2）产率计算

①参加反应的物质有两种或两种以上者，应以物质的量最少的物质为基准来计算理论产量和产率。

②不能用催化剂、引发剂来计算理论产量。

③有些反应某种产物以几种异构体形式存在时，计算产物的理论产量以各种异构体的理论产量之和，实际产量也是以各种异构体的实际产量之和。

例如邻、对硝基苯酚的制备，不是 2mol 苯酚反应生成 1mol 邻硝基苯酚和 1mol 对硝基苯酚。由于很多因素的影响，这两种异构体不是等量存在，因此反应式只能写成：

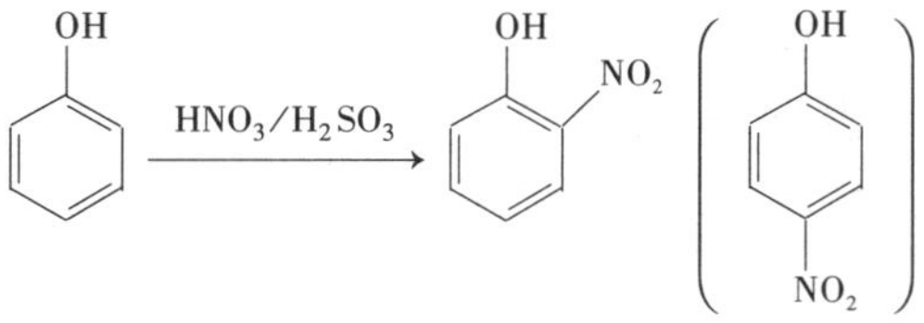

（1）

而不能写成：

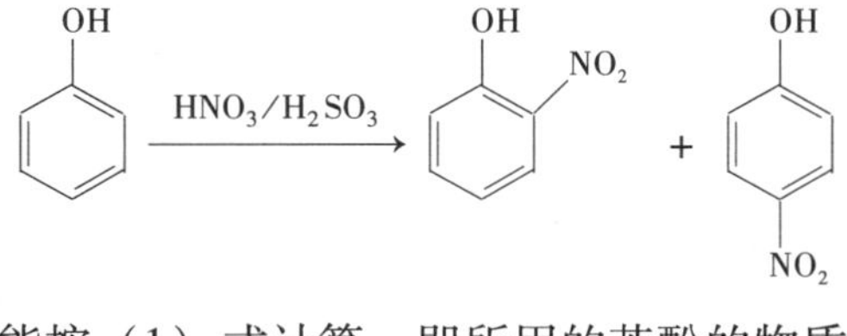

（2）

计算理论产量时只能按（1）式计算，即所用的苯酚的物质的量乘以硝基苯酚的摩尔质量，求得的理论产量是邻硝基苯酚和对硝基苯酚总的理论产量，而不能按照邻硝基苯酚和对硝基苯酚各占理论产量的 50% 来计算。

3. 问题讨论 写出自己实验的心得体会和对实验的意见和建议。通过讨论来总结和巩固在实验中所学的理论和实践技能，进一步培养分析问题和解决问题的能力。

第二部分

基本实验技能与操作 <<<

一、加热与冷却

（一）加热

在药物合成反应实验中，经常需要给反应体系加热，以提高反应收率。在提纯、分离化合物及蒸馏、分馏等实验操作中都需要加热。实验室中常用热源有煤气灯、酒精灯、电热套、油浴等。

1. 水浴加热 当所加热的温度在 80℃ 以下时，选用水浴加热较为方便。水浴锅内存水量应保持在其容积的 2/3 左右；受热玻璃器皿不能触及锅壁或锅底。若要长时间加热，由于水的不断蒸发，应适当补加热水，使水浴锅中的水面保持稍高于容器内的液面。但是，必须注意，当用到金属钠、钾及无水操作时，绝不能采用水浴加热。

2. 油浴 当反应温度在 80～250℃ 时，宜使用油浴加热。油浴加热的优点是使反应受热均匀，反应物的温度一般低于油浴温度 20℃ 左右。常用的油浴介质有：

（1）甘油 可加热到 140～150℃，温度过高易分解。

（2）液体石蜡 可加热到 220℃，温度过高易燃烧。

（3）硅油 在 250℃ 时仍较稳定，但价格较昂贵。

使用油浴应特别小心防止着火；当油受热冒烟时，应立即停止加热；油量应适量不可过多，以免油受热膨胀而溢出。油浴加热时，应避免水溅入，在反应加料时防止有机化合物撒落到油浴中。

3. 砂浴 加热温度在 250～350℃ 之间可用砂浴加热。由于砂对热的传导能力较差、散热快，所以容器底部的砂子要薄一些，容器周围砂层要厚一些，使其不易散热。

4. 电热套加热 电热套加热温度可用调压变压器控制，电热套最高加热温度可达 400℃。电热套具有调温范围大，无明火，干净，使用方便又较安全等优点。在蒸馏或减压蒸馏中使用电热套加热时，要有人在旁看管，因为随着蒸馏的进行，瓶内物质减少，会导致瓶壁过热现象，这时必须调节电热套加热温度。

5. 微波辐射加热 微波加热方式称为内加热。微波具有加热均匀、无速度阶度、无滞后效应等特点，已成为药物合成的一个重要的节能省时加热源，适用于大多数类型的有机合成反应。

（二）冷却

有些反应，其中间体在室温下是不够稳定的，必须在低温下进行，如重氮化反应等；有的放热反应，常产生大量的热，使反应难以控制，并引起易挥发化合物的损失，或导致有机物的分解或增加副反应。为了除去过剩的热量，便需要冷却。此外，为了减少固体化合物在溶剂中的溶解度，使其易于析出结晶，也常需要冷却。

药物合成反应实验中常用的冷却方法有自然冷却、冷风冷却、冰水浴冷却、冰盐浴冷却等。

1. 水　水具有高的热容量并且廉价，是最常用的冷却剂，但其冷却效率随季节变化比较大。

2. 冰或冰－水混合物　冰是最普通的制冷剂。冰－水的混合物可冷却到 $0 \sim 5℃$，冰越碎效果越好。若水的存在不妨碍反应进行，可直接把冰投入反应中，可更有效地保持低温。

3. 冰－盐混合物　冰与无机盐组成的冰－盐混合物可冷却到 $0℃$ 以下。使用时冰要碎；冷浴的体积要大而且隔热性能良好；要使冰－盐混合物有充分地搅拌并不时将融化的水排除。各种盐类与碎冰混合后可以达到的最低冷却温度参见"附录　四"。

4. 干冰　二氧化碳在适当的条件下可形成固态的干冰，经压缩后可形成粉末状或块状的干冰。使用时常与其他有机溶剂混合组成冷却剂，如与丙酮混合可达 $-78℃$，与乙醚混合可达 $-100℃$。使用过程中需不时补充干冰，以保持冷浴的温度。

5. 液氮　液氮可冷却到 $-188℃$。

应该注意，反应温度若在 $-38℃$ 以下，则不能使用水银温度计，因为低于 $-38.87℃$ 时，水银会凝固。对于低温，常选用内装有有色有机液体的低温温度计（如甲苯温度计可测达 $-90℃$ 的低温，正戊烷温度计可测达 $-130℃$ 的低温）。但由于有机液体传热较差和低温下黏度变大，温度计达到实测温度的时间较长，实验中要考虑到这些因素对温度测定的影响，把握好反应条件。

目前，市场上已有多种型号和类型的低温恒温槽或低温冷却液循环泵等装置，内设压缩机制冷，冷却液常用乙醇、乙二醇等，低温可达 $-5℃ \sim -40℃$ 不等，也有达到深冷如 $-60℃$ 以下，可满足大多数连续长时间低温反应的要求。低温冷却液循环泵还可用于旋转蒸发器和真空冷却干燥箱等的冷凝降温。

二、搅拌回流与气体吸收装置

（一）搅拌与回流

药物合成反应实验常有溶剂存在，并需较长时间进行加热。当反应在均相溶液中进行时一般可以不用搅拌，因加热时溶液存在一定程度的对流，从而保持液体各部分均匀地受热。如果是非均相间反应，或反应物之一是逐滴加入时，为了尽可能使其迅速均匀混合，以免因局部过热而导致其他副反应发生或有机物分解，需要进行搅拌操作。为了减少溶剂及原料、产物的挥发损失，常需要用回流装置。

在反应过程中进行搅拌，不但可以较好的控制反应温度，同时也能缩短反应时间，提高产率。回流加热前，应先放入沸石。根据瓶内液体的沸腾温度，可选用电热套、水浴、油浴或石棉网直接加热等方式。搅拌与回流装置如图 2－1 所示。

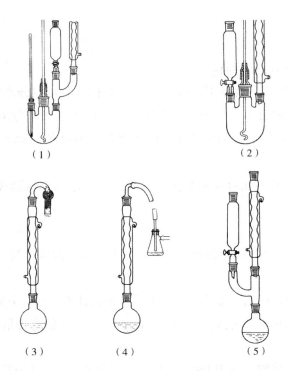

图 2 – 1 搅拌与回流装置

（1）和（2）回流搅拌装置；（3）隔绝潮气的回流装置

（4）气体吸收的回流装置；（5）滴加液体的回流装置

（二）气体吸收装置

气体吸收装置如图 2 – 2 所示。用于吸收反应过程中生成的有刺激性和水溶性的气体（如 HCl、SO_2 等）。在烧杯或抽滤瓶中装入一些气体吸收液（如酸液或碱液）以吸收反应过程中产生的碱性或酸性气体。当吸收少量气体时，使用图 2 – 2（1）和图 2 – 2（2）吸收装置，其中玻璃漏斗应略微倾斜，使漏斗口一半在水中，一半在水面上，防止液体倒吸。当吸收大量气体时，使用图 2 – 2（3）吸收装置，粗的玻管恰好伸入水面，被水封住，以防止气体逸入大气中。

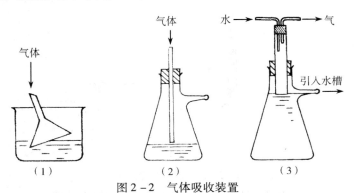

图 2 – 2 气体吸收装置

（1）和（2）少量气体吸收装置；（3）大量气体吸收装置

三、分离与提纯

（一）液体化合物分离与提纯

液体化合物的分离纯化一般常用蒸馏的方法。根据待分离组分和理化性质的不同，蒸馏可以分为简单蒸馏和分馏；根据装置系统内压力的不同又可分为常压蒸馏和减压蒸馏。对于沸点差极小的组分分离或对产物纯度要求极高的分离，则可应用高真空技术。

蒸馏被广泛应用于液体化合物的分离与提纯。蒸馏包括常压蒸馏、减压蒸馏、水蒸气蒸馏和分馏。

1. 常压蒸馏

（1）常压蒸馏装置　常压蒸馏的装置如图2-3所示。常压蒸馏主要由蒸发、冷凝和收集三部分组成。

①蒸发部分：所用仪器为蒸馏烧瓶。蒸馏瓶内的液体不宜少于其容积的1/3，也不宜多于2/3。温度计水银球上端应与支管的下端齐平，温度计的量度不得低于液体沸点。

②冷凝部分：当液体沸点高于130℃，用空气冷凝管；低于130℃，用直形冷凝管。一般不选用球形冷凝管。

③收集部分：通常用配套磨口的接收管加圆底烧瓶或锥形瓶为接收器。

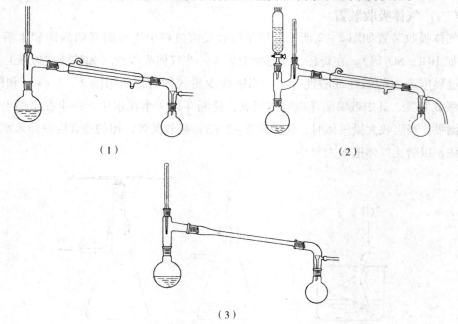

（1）　　　　　　　　　　　　　　　　　（2）

（3）

图2-3　常压蒸馏装置

（1）常用的蒸馏装置；（2）蒸除较大量溶剂的蒸馏装置；

（3）应用空气冷凝管的蒸馏装置（蒸馏沸点在140℃以上的液体）

（2）操作

①安装好仪器后，将待蒸馏液通过玻璃漏斗加入蒸馏瓶中（注意不要使液体从支管流出），加几粒沸石防止暴沸。

②打开水管使水缓缓流过冷凝管，然后开始加热，控制加热温度，通常以每秒钟蒸出 1～2 滴为宜。

③收集馏出液。记下第一滴馏出液落入接收器时的温度，并收集所需温度范围的馏液。若馏出物沸点较低，应将接收器置于冰水浴中冷却。若蒸馏出来的产物易挥发、易燃、有毒或放出有毒气体，则在接液管的支管连上橡皮管，通入气体吸收装置内。若蒸馏出的液体易受潮分解，需在接液管的支管加干燥管，干燥管中填装颗粒状的干燥剂。当不再有馏液蒸出，温度突然下降时，停止蒸馏。

④蒸馏完毕，应先停止加热，然后停止通水，再拆下仪器。

（3）注意事项

①不要忘记加沸石，每次重新蒸馏前都要重新添加沸石。若忘记加沸石，必须在液体温度低于其沸腾温度时方可补加。

②体系内不能封闭，尤其在装配有干燥管及气体吸收装置时更应注意。

③若用油浴加热，切不可将水弄进油中。

④蒸馏瓶中液体不要蒸干，以免蒸馏瓶破裂及发生其他意外事故。

⑤蒸馏过程中欲向烧瓶中加液体，必须在加热停止后进行，并不得中断冷凝水。

⑥停止蒸馏时先停止加热，再关冷凝水。若用电加热，必须严格遵守安全用电的各项规定。

2. 减压蒸馏　减压蒸馏是分离和提纯有机化合物的一种重要方法，特别适用于那些在常压蒸馏时未达沸点已受热分解、氧化或聚合的物质。

（1）减压蒸馏装置　减压蒸馏装置如图 2-4 所示。减压蒸馏系统由蒸馏、抽气（减压）、安全保护和测压四部分组成。

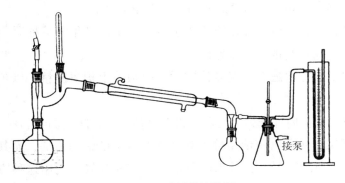

接泵

图 2-4　减压蒸馏装置

①蒸馏部分：所用仪器为克式蒸馏瓶（或配克式蒸馏头的圆底烧瓶）。温度计水银球上端应与支管的下端齐平；毛细玻璃管上端套一段带螺旋夹的短橡皮管，以调节进

入的空气量，使蒸馏平稳进行。蒸馏时若要收集不同的馏分，可用两尾或多尾接液管。

②抽气部分：实验室常用水泵或油泵进行减压。

水泵：若不需要很低的压力，一般用水泵减压蒸馏。水泵与仪器之间必须安装安全瓶，以防止水倒吸。

油泵：若需要较低的压力，可以使用油泵。很多油泵都能抽到 133.3Pa（1mmHg）以下。

③安全保护：安全保护部分一般有安全瓶，若使用油泵，还必须有冷阱、分别装有颗粒氢氧化钠、块状石蜡及活性炭或硅胶、无水氯化钙等吸收干燥塔，以避免低沸点溶剂，特别是酸和水汽进入油泵而降低泵的真空效能。

④测压装置：实验室常用水银压力计来测量减压系统的压力。常用的水银压力计有开口式水银压力计和密闭式水银压力计。

（2）操作

①安装仪器完毕后检查系统压力。若达不到所需要的压力则分段检查各部分，尤其是各连接口处，并在解除真空后，用熔融的石蜡密封，直至达到所需的真空。慢慢旋开安全瓶上活塞，放入空气，直到内外压力相等为止。

②加入液体于蒸馏瓶中，不超过容积的1/2，关好安全瓶上的活塞，开泵抽气，调节毛细管导入空气，使液体中有连续平稳的小气泡通过。

③开启冷凝水。

④加热：在整个过程中，都要密切注意温度计和压力计的读数。控制馏出液速度为每秒钟 1~2 滴。若收集不同馏分，小心转动多尾接液管进行收集。

⑤蒸馏完毕，先撤去热源，慢慢旋开毛细管上的螺旋夹，并慢慢打开安全瓶上的活塞，平衡内外压力，使测压计的水银柱缓缓地恢复原状，最后关闭抽气泵。

（3）注意事项

①全部仪器间的接头处都应紧密，避免漏气。

②在蒸馏过程中，如果压力突然升高，应停止蒸馏。

③在蒸馏过程中，水银压力计的活塞应经常关闭，以免因某种原因（如仪器破裂等）导致压力突变而使水银冲破压力计。

④操作过程中，特别是观察温度读数时，必须戴上护目眼镜，以免仪器炸裂时伤害眼睛。

⑤蒸馏结束时，待内外压力平衡后，再关闭抽气泵，防止倒吸。

3. 水蒸气蒸馏 水蒸气蒸馏是分离和纯化有机物的常用方法，尤其是在反应产物中有大量树脂状杂质的情况下，效果较蒸馏或重结晶为好。使用这种方法时，被提纯物质应该具备下列条件：不溶（或几乎不溶）于水，在沸腾下长时间与水共存而不起化学变化；在100℃左右时必须具有一定的蒸气压（一般不小于1.33kPa）。

（1）水蒸气蒸馏的装置 水蒸气蒸馏装置如图2-5所示。

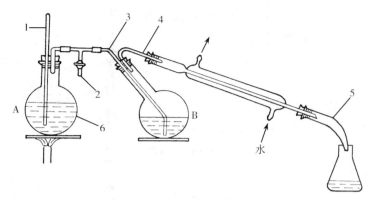

图 2-5 水蒸气蒸馏装置

1-安全管；2-螺旋夹；3-水蒸气导入管；

4-馏出液导出管；5-接液管；6-水蒸气发生器

①水蒸气发生器：图 2-5 中 A 是水蒸气发生器，通常其盛水量以其容积的 3/4 为宜。安全玻管几乎插到发生器 A 的底部。

②蒸馏部分：通常用长颈圆底烧瓶（B）。为了防止瓶中液体因跳溅而冲入冷凝管内，故将烧瓶的位置向发生器的方向倾斜 45°。瓶内液体体积增加不得超过其总容积的 1/3。蒸汽导入管的末端应弯曲，使之垂直正对瓶底中央并伸到接近瓶底。蒸汽导出管（弯角约 30°）孔径最好比蒸汽导入管大一些。

（2）操作

①在水蒸气发生瓶中加入约 3/4 体积的热水，待检查整个装置不漏气后，旋开 T 形管的螺旋夹，开启冷凝水。

②加热水蒸气发生器，直至接近沸腾时将弹簧夹夹紧，使水蒸气均匀的进入圆底烧瓶。控制蒸馏速度为每秒 2~3 滴。

③当馏出液无明显油珠时，可停止蒸馏。先旋开螺旋夹，再移开热源，以免发生倒吸现象。

（3）注意事项

①水蒸气发生装置上必须装有安全管，安全管长度不宜太短，下端应插到接近发生器的底部。

②在蒸馏需要中断或蒸馏完毕后，一定要先打开螺旋夹使通大气，然后方可停止加热，否则 B 中的液体将会倒吸到 A 中。

③若安全管中的水位迅速上升甚至从管口喷出，这时应立即中断蒸馏，检查系统内何处发生堵塞，待故障排除后再蒸馏。

④在蒸馏过程中若水蒸气因冷凝而在蒸馏烧瓶中积聚过多，则可用小火加热并注意瓶内"蹦跳"现象，若"蹦跳"剧烈，则不应加热以免发生意外。

4. 分馏　分馏是应用分馏柱将几种沸点相近的混合物进行分离的操作。分馏可以有效分离沸点相差较小，或沸点相接近的液体混合物；但不能分离共沸混合物。

（1）分馏装置　实验中简单的分馏装置由热源、蒸馏器、分馏柱、冷凝管及接收器五个部分组成。简单分馏装置如图2-6所示。

（2）操作

①先将待分馏液体加入烧瓶中，放入2～3粒沸石，然后安装仪器。缓慢通入冷凝水，加热。

②当有馏出液滴出后，调节加热速度，控制流速每2～3s1滴。

③待低沸点液体蒸完后，再逐渐升高温度，按沸点收集所需温度范围的馏分。

（3）注意事项

①分馏一定要缓慢进行，要控制好恒定的蒸馏速度。

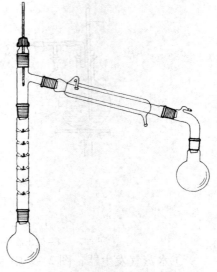

图2-6　简单分馏装置

②选择合适的回流比，使有相当量的液体自分馏柱流回烧瓶中。

③分馏柱的外围应用石棉绳包住，以尽量减少分馏柱的热量散失，保持稳定的热源。

④为了分出较纯的组分，可进行二次分馏。

（二）固体化合物分离与提纯

1. 重结晶　重结晶是利用溶剂对被提纯物质和杂质的溶解度不同，可以使被提纯物质从过饱和溶液中析出，而让杂质在热过滤时滤除，或在冷却后留在母液中，与结晶分离，从而达到提纯的目的。重结晶适用于提纯杂质含量在5%以下的固体化合物。热滤及抽滤装置如图2-7所示。

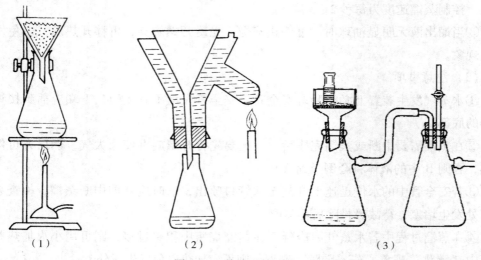

（1）　　　　　（2）　　　　　（3）

图2-7　热滤及抽滤装置

（1）用水作溶剂的热过滤装置；（2）热水漏斗过滤装置；（3）用布氏漏斗的抽滤装置

（1）操作 重结晶的一般操作步骤：选择溶剂→溶解固体→热过滤→晶体析出→抽滤洗涤晶体→干燥。

①溶剂的选择：理想的溶剂必须具备下列条件：不与被提纯物质起化学反应；在较高温度时能溶解多量的被提纯物质，而在室温或更低温度时，只能溶解少量的该种物质；对杂质的溶解度非常大或非常小（前一种情况是使杂质留在母液中不随提纯物晶体一同析出，后一种情况是使杂质在过滤时被滤去）；容易挥发（溶剂的沸点较低），易于结晶分离除去；能给出较好的结晶；无毒或毒性小，便于操作；价廉，纯度高，不易燃等。

常用的溶剂为水、甲醇、乙醇、异丙醇、丙酮、乙酸乙酯、三氯甲烷、冰醋酸、1，4-二氧六环、苯、石油醚等。此外，甲苯、硝基甲烷、乙醚、二甲基甲酰胺、二甲基亚砜也常应用。

当某一种物质在一些溶剂中溶解度太大，而在另一些溶剂中溶解度又太小时，而未能选择到一种合适的溶剂时，常可使用混合溶剂以得到满意的结果。常用的混合溶剂有：乙醇-水、乙醚-甲醇、醋酸-水、乙醚-丙酮、丙酮-水、乙醚-石油醚、吡啶-水、苯-石油醚等。

②样品的溶解：通常将待结晶物质放入锥形瓶中或圆底烧瓶中，先加入较需要量稍少的溶剂（根据查得的溶解度数据或溶解度实验所得的结果估计得到），加热至微沸一段时间后，若未完全溶解时，可再次逐渐添加溶剂，每次加入后均需加热使溶液沸腾，直到物质完全溶解（要注意判断是否有不溶性杂质存在，以免误加过多的溶剂）。

③热过滤：制备好的热溶液，趁热过滤，除去难溶性杂质，如晶体带色，可在热溶液中加入适量活性炭煮沸5~10min以吸附杂质。必须注意活性炭在样品全部溶解并在溶液稍冷后方可加入（切不可在近沸点的溶液中加入，否则会产生暴沸）。过滤通常用折叠滤纸进行常压过滤，也可用布氏漏斗进行减压过滤。若用布氏漏斗抽滤时，应先将漏斗预热，滤纸用溶剂润湿；然后打开水泵将滤纸吸紧，再将溶液倒入。注意若活性炭透过滤纸进入滤液中时，应重新过滤。过滤易燃溶剂的溶液时，必须熄灭附近的火源。

④结晶：将滤液在室温或保温下静置使之缓缓冷却、结晶。一般不要将滤液在冷水浴中迅速冷却并剧烈搅拌，否则形成的晶粒细，表面积大，容易吸附杂质。

如果滤液中有焦油状物质或胶状物存在，或因形成过饱和溶液，不易析出结晶，可用玻璃棒摩擦器壁以形成粗糙面，使溶质分子呈定向排列而形成结晶；或投入晶种（若无此物质的晶体，可用玻璃棒蘸一些溶液稍干后即会析出晶体），使晶体迅速形成。有时被纯化的物质呈油状析出，可将析出油状物的溶液加热重新溶解，然后慢慢冷却。当油状物析出时便剧烈搅拌混合物，使油状物在均匀分散的状况下固化，但最好还是重新选择溶剂，使之能得到晶型的产物。

⑤晶体的滤集：用减压过滤使晶体与母液分离，过滤时尽量抽干。然后用少量的

冷溶剂洗涤晶体，以除去晶体表面的母液。洗涤应停止抽气，在漏斗上加入少量溶剂，以减少溶解损失。静置片刻，待溶剂均匀地浸湿晶体后，再抽去溶剂。如此洗涤2~3次，最后将晶体尽量抽干，最好用清洁的玻塞倒置结晶表面挤压。

⑥晶体的干燥：晶体需要用适当的方法进行干燥，以测定熔点。常用方法参见本书固体有机化合物的干燥。

（2）注意事项

①采用回流装置溶解样品时，同样应加入沸石以防止爆沸。如溶剂易燃则最好不用明火加热。

②过滤时若溶剂可燃，必须先将保温漏斗（热滤漏斗）夹层中的水预热好。在整个过滤过程中切忌用明火加热，且三角漏斗应盖上表面皿，减少溶剂的散逸，以防燃烧。

③使用易燃、有毒的溶剂，溶解及热过滤操作最好在通风橱内进行，或尽量保持实验室内空气流通。

2. 升华　升华是某些物质在固态时具有相当高的蒸气压，当加热时，不经过液态而直接气化，蒸气受到冷却又直接冷凝成固体的过程。利用升华可除去不挥发性杂质，或分离不同挥发度的固体混合物。在实验室里只用于较少量（1~2g）物质的纯化。

①常压升华：常用的常压升华装置如图2-8所示。

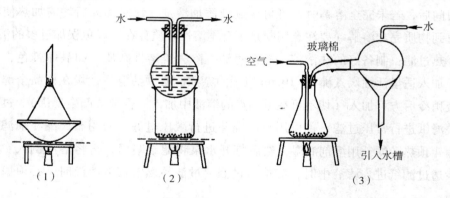

图2-8　常压升华装置

（1）简单的升华装置；（2）大量物质的升华装置；

（3）在空气或惰性气体气流中进行升化的装置

简单的升华装置如图2-8（1）所示，是将待升华的物质置于蒸发皿上，上面覆盖一张滤纸，用针在滤纸上刺些小孔。滤纸上倒置一个大小合适的玻璃漏斗，漏斗颈部松弛的塞一些玻璃毛或棉花，以减少蒸气外逸。为使加热均匀，蒸发皿宜放在铁圈上，下面垫石棉网小火加热（蒸发皿与石棉网之间宜隔开几毫米），控制加热温度，低于三相点，加热慢慢升华。样品开始升华，上升蒸气凝结在滤纸背面，或穿过滤纸孔，凝结在滤纸上面或漏斗壁上。必要时，漏斗外壁上可以用湿布冷却，但不要弄湿滤纸。升华结束后，先移去热源，稍冷后，小心拿下漏斗，轻轻揭开滤纸，将凝结在滤纸正反两面和漏斗壁上的晶体刮到干净表面皿上。

较大量物质的升华，可以在烧杯中进行，如图2-8（2）所示。烧杯上放置一通冷却水的烧瓶，烧杯下用热源加热，样品升华后蒸气在烧瓶底部凝结成晶体。

在空气或惰性气体气流中进行升华的装置如图2-8（3）所示。当物质开始升华时，通入空气或惰性气体，以带出升华物质，遇冷（或用自来水冷却）即冷凝于烧瓶内壁上。

②减压升华：减压升华装置如图2-9所示。将固体物质放在吸滤管中，然后将装有"冷凝指"的橡皮塞紧密塞住管口，采用油泵或水泵抽气减压，接通冷凝水，将吸滤管加热，使之升华。升华结束后应慢慢使体系接通大气，以免空气突然冲入而把"冷凝指"上的晶体吹落，在取出"冷凝指"时也要小心轻拿。

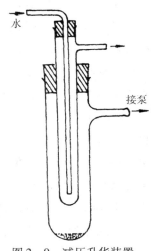

水

接泵

图2-9　减压升华装置

无论常压或减压升华，加热都应尽可能保持在所需要的温度，一般常用水浴、油浴等热浴进行加热较为稳妥。另外从升华室到冷却面的距离必须尽可能短，以便获得快的升华速度。升华物应该研得很细。提高温度可以使升华加快，但可使升华产物变少，产物纯度下降（注意：在任何情况下，升华温度均应低于物质的熔点）。

四、干燥

干燥是指除去附在固体、气体、或混在液体内少量的水分（或少量的溶剂）。有机物在进行分析（光谱分析、定量分析、测熔点等）之前必须完全干燥，有些合成反应要求在绝对无水的条件下进行，不仅所用的原料和溶剂需要干燥，而且还要防止空气中的水分进入到反应系统中去，否则会影响反应的进行。因此，干燥是一种最普遍而又重要的操作。

（一）液体有机化合物的干燥

1. 共沸蒸馏法　一些有机液体溶剂可和水形成二元共沸物，可用该法除去其中的水分。当共沸物的沸点与有机组分的沸点相差不大时，可用分馏法去除含水共沸物，获得干燥的有机液体。若液体中含水量大于共沸物中的含水量，直接蒸馏只能得到共沸物而不能得到干燥的有机液体，这时常需加入另一种液体来改变共沸物的组成，促进水较多较快的蒸出，而被干燥液体尽可能少的被蒸出。一般蒸馏至馏出液不呈浑浊即可。此法还可用于除去反应过程中生成的水或醇，以提高产率。最常用的溶剂是苯和甲苯。

2. 使用干燥剂去水

（1）干燥剂的选择　液体有机物的干燥，通常是将干燥剂直接与液体接触，因而所用干燥剂必须不与被干燥的物质起化学反应或催化作用，不溶解于该液体中。在使用干燥剂时，还要考虑干燥剂的吸水容量和干燥效能，常先用吸水量较大的干燥剂，除去大部分水分，然后再用干燥效能强的干燥剂干燥。此外，选择干燥剂时要考虑干燥速度和价格。

（2）干燥剂的用量　干燥剂的用量根据被干燥物质中含水分的多少和所用干燥剂的吸水量来考虑。一般干燥剂的用量为每 10ml 液体约需 0.5~1g，但由于含水量的不同，干燥剂的质量不同，以及干燥剂颗粒大小和干燥时的温度不同而差别很大。

（3）常用的干燥剂　药物合成反应实验常用干燥剂有无水氯化钙（$CaCl_2$）、无水硫酸钠（Na_2SO_4）、无水硫酸镁（$MgSO_4$）、氧化钙（CaO）、无水碳酸钾（K_2CO_3）、固体氢氧化钠（$NaOH$）或氢氧化钾（KOH）、五氧化二磷（P_2O_5）、金属钠（Na）等。常用干燥剂的分类及使用方法参见"附录　五"。

（4）操作步骤　干燥前，要尽量除净待干燥液体中的水，不应有任何可见的水层。将液体置于锥形瓶中，加入适量的颗粒大小适中的干燥剂，塞紧瓶口，振摇片刻。如果发现干燥剂全部黏在一起，说明用量不够，需要再补加一些新的干燥剂，直到出现没有吸水的、松动的干燥剂颗粒为止。在干燥过程中应多摇动几次，以便提高干燥效率。干燥时间至少要 0.5h 以上，最好过夜。有时干燥前液体呈浑浊，干燥后变为澄清，以此作为水分已基本除去的标志。

（二）固体有机化合物的干燥

1. 自然晾干　把抽滤和压干的固体有机物转移至表面皿上摊开成薄层，用一张滤纸覆盖起来，在空气中慢慢晾干。这种方法适用于比较稳定但受热易升华的物质。

2. 加热干燥　对于热稳定的固体有机化合物可以放在专用烘箱内烘干，加热的温度切勿达到或超过该固体的熔点，以免固体熔化、变色和分解，若需要，可在真空恒温干燥箱中干燥。

3. 红外灯干燥　红外灯干燥的优点是穿透性强，干燥快，但易升华或受热易分解的产物不宜使用。

4. 干燥器干燥　对易吸潮或在较高温度下会分解的化合物可用干燥器干燥。干燥器有普通干燥器和真空干燥器。

（1）普通干燥器　普通干燥器如图 2-10（1）所示。盖与缸身之间的平面经过磨砂，在磨砂处涂以润滑脂，如凡士林、真空油脂。缸中有多孔瓷板，瓷板下面放置干燥剂，上面放置盛有待干燥物质的表面皿等。

（2）真空干燥器　真空干燥器如图 2-10（2）所示。真空干燥器干燥效率较普通干燥器好。其顶部装有带旋塞的玻璃导气管，由此处连接抽气泵，使干燥器内压力降低，从而提高了干燥效率。使用前必须试压，试压时应用网罩或防爆布包住干燥器，然后抽真空，以防炸碎时玻璃碎片飞溅而伤人。抽气完毕，关上旋塞放置过夜。解除器内真空时，开动旋塞放入空气的速度不能快，以免吹散被干燥的物质。

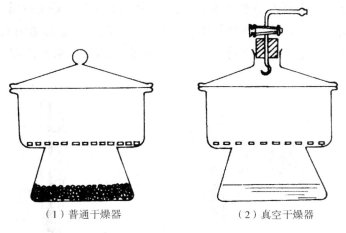

（1）普通干燥器　　　　　　　　（2）真空干燥器

图 2 - 10　干燥器

五、熔点与沸点的测定

（一）熔点测定

熔点是指固液两态在大气压力下达成平衡时的温度。纯的固体有机化合物一般都有固定的熔点，在一定压力下，固液两态之间的变化是非常敏锐的，自初熔至全熔（熔点的范围称为熔程），温度不超过 0.5～1℃。如该物质含有杂质，则其熔点往往较纯品为低，且熔程也较长。这对于鉴定纯的固体有机化合物来讲具有很大价值，同时根据熔程长短又可定性地看出该化合物的纯度。目前，常用的熔点测定方法有毛细管测定熔点法和仪器测熔点法。

1. 毛细管测定熔点法

（1）毛细管的制备　选用内径为 1～1.5mm，长约 70～80mm 的毛细管将其一端放在小火焰的边缘上慢慢转动，使其熔封严密。

（2）样品的填装　放少许待测熔点的干燥样品（约 0.1g）于干净的表面皿上，用玻璃棒或镍勺压研成极细的粉末并聚成一堆。把毛细管开口一端垂直插入堆集的样品中，使一些样品进入毛细管内，然后，把该毛细管垂直桌面轻轻上下振动，使样品进入管底，再用力在桌面上下振动，尽量使样品装得紧密。或将装有样品、管口向上的毛细管，放入长约 50～60cm 垂直桌面的玻璃管中，管下可垫一表面皿，使之从高处落于表面皿上，如此反复几次后，可把样品装得很实。样品高度 2～3mm，一个样品需装 2～3 支毛细管备用。

（3）实验操作　毛细管测定熔点装置如图 2 - 11 所示。将提勒管垂直夹于铁夹上，以液体石蜡（浓硫酸、甘油、硅油等）作为导热液，剪取一小段橡皮管套在温度计和毛细熔点管的上部，调节毛细管位置，使样品位于水银球的中部。将黏附有毛细熔点管的温度计小心地伸入浴液中。以小火缓缓加热侧管。开始时升温可以较快，待温度上升至距熔点约 15℃ 时，调整火焰，温度上升速度保持每分钟 1.5℃，越接近熔点，升温速度越慢（掌握升温速度是准确测定熔点的关键）。注意观察毛细管中的变化，如样品开始有小液滴出现时，就是样品开始熔化的温度，当样品全部透明成液体时的温度，就是完全熔化温度。记下此温度范围，即为该化合物熔程。熔点测定，至少要有两次重复的数据。

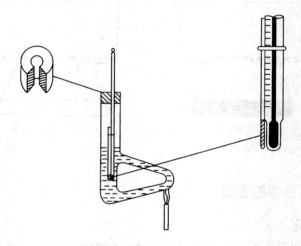

图 2 – 11   毛细管测定熔点装置

2. 仪器测熔点

（1）显微熔点测定仪   显微熔点测定仪如图 2 – 12 所示，可测高熔点的样品，也可测微量样品的熔点，并且在显微镜下可清楚地观察到样品受热变化的情况，如升华、分解、脱水和多晶型物质的晶型转化等。

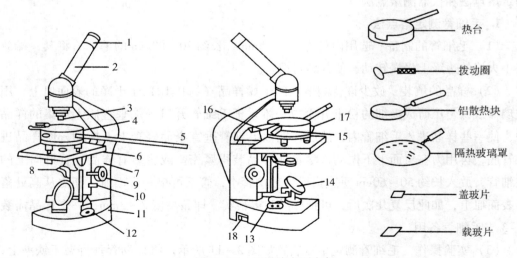

图 2 – 12   显微熔点测定仪

1 – 目镜；2 – 棱镜检偏部件；3 – 物镜；4 – 热台；5 – 温度计；6 – 载玻台；7 – 镜身；

8 – 起偏振件；9 – 粗动手轮；10 – 止紧螺钉；11 – 底座；12 – 波段开关；13 – 电位器旋钮；

14 – 反光镜；15 – 拨动圆；16 – 上隔热玻璃；17 – 地线柱；18 – 电压表

操作方法：先将载玻片用丙酮洗净，用擦镜纸擦干，放在仪器的可移动支持器上。然后将经过烘干、研细的微量样品小心地放在载玻片的中央（不可堆积），并用盖玻片盖住样品，调节支持器使样品对准加热台中心洞孔，再用隔热玻璃罩罩住。在加热台边插上校正过的温度计。调节镜头焦距，使从镜孔中可以看到晶体外形。通电加热，调节电位器旋钮控制升温速度，当温度低于样品熔点 10～15℃时，用微调旋钮控制升温速度不超过每分钟 1℃。仔细观察样品变化，当晶体棱角开始变圆、有液珠出现时的温度即为初熔温度，晶体完全消失时的温度即为全熔温度，作好记录。测好熔点停止加热，拿去隔热玻璃罩，用镊子取去载玻片，把铝散热块放在加热台上加速冷却。另换载玻片重复测定 2～3 次。

（2）数字熔点仪　以 WRS－1 数字熔点仪为例，如图 2－13 所示。该熔点仪采用光电检测、数字温度显示等技术。初熔、全熔可自动显示，可与记录仪配合使用，自动记录熔化曲线。

操作方法简便，采用毛细管作为样品管。首先开启电源开关，稳定 20min 后，设定并输入起始温度，此时预置灯亮，选择升温速度。预置灯熄灭后，可插入装有样品的毛细熔点管，此时初熔灯也熄灭，把电表调至零，按升温钮，几分钟后，初熔灯先亮，继而显现全熔读数。按初熔钮可显示初熔读数，作好记录。按降温钮，使降至室温，最后切断电源。

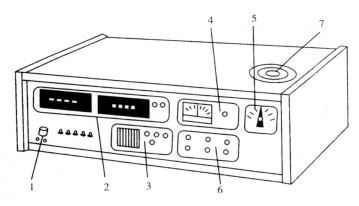

图 2－13　数字熔点仪

1－电源开关；2－温度显示单元；3－起始温度设定单元；4－调零单元；
5－速度选择单元；6－线性升、降自动控制单元；7－毛细管插口

（二）沸点测定

液体物质的蒸气压随温度的上升而增大，当液体达到一定温度，液体的饱和蒸气压与外压相等时，液体的蒸发速度显著加快，液体中出现气泡，这个过程称为沸腾，此时的温度称为该液体的沸点。

纯化合物的沸程极小，通常不超过 1～2℃，若液体中含有杂质，则蒸气压降低，沸点随之下降，沸程增长。因此，通过测定化合物沸点，可鉴定有机化合物和检验化合物的纯度。

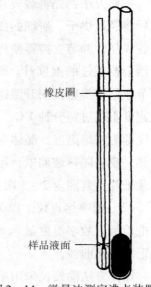

沸点测定分常量法和微量法两种。常量法的装置与蒸馏操作相同。液体不纯时沸程很长（常超过3℃），在这种情况下无法测定液体的沸点，应先把液体用其他方法提纯后，再进行测定沸点。

微量法测定沸点装置如图2-14所示。沸点管由外管和内管组成，外管用长6~8cm、内径0.2~0.3cm的玻璃管将一端烧熔封口制得，内管用毛细管截取7~8cm封其一端而成。测量时将内管开口向下插入外管中。

测定方法：取1~2滴待测样品滴入沸点管的外管中，液柱高约1cm。再将内管插入外管中，然后用小橡皮圈把沸点管附于温度计旁，放入加热浴中进行加热。加热时，由于气体膨胀，内管中会有小气泡缓缓逸出，在到达液体沸点时，管内会有一连串的小气泡快速逸出。此时停止加热，使溶液自行冷却，气泡逸出的速度即渐渐减慢。在最后一气泡不再冒出并要缩回内管的瞬间记录温度，此时的温度即为该液体的沸点。待温度下降15~20℃后，可重新加热再测一次（两次所得温度数值相差不超过1℃）。

橡皮圈

样品液面

图2-14 微量法测定沸点装置

六、光学异构药物的拆分

常用的光学异构药物的拆分方法有播种结晶法、化学拆分法、酶拆分法和色谱分离法等。

（一）播种结晶法

播种结晶法是在一个外消旋体的饱和溶液中加入其中一种纯的单一光学异构体（左旋或右旋）晶种进行诱晶，使溶液对这种异构体成过饱和状态，适当冷却，该过饱和的旋光异构体优先大量析出结晶，迅速过滤得到单一光学异构体。再往滤液中加入一定量的消旋体，则溶液中另一种异构体达到饱和，经冷却过滤后得到另一个单一光学异构体，经过如此反复操作，连续拆分便可以交叉获得左旋体和右旋体。

（二）化学拆分法

如果外消旋体分子含有羧基、氨基、羟基或者双键等活性基团，可让其与某一光学活性试剂（拆分剂）进行反应，生成两种非对映异构体的盐或其他复合物，再利用它们物理性质（如溶解度）和化学性质的不同将两者分开，最后把拆分剂从中分离出去，便可得到单一对映体。拆分成功的关键是选择合适的拆分剂。

（三）动力学拆分

动力学拆分是利用两个对映体在手性试剂或手性催化剂的作用下反应速率不同的性质而使其分离，达到拆分的目的。

（四）酶拆分法

酶的活性中心是一个不对称结构，在一定条件下，酶只能催化外消旋体中的一个对映体发生反应而成为不同的化合物，从而使两个对映体分开。酶催化的反应大多在温和的条件下进行，温度通常在 $0 \sim 50 ℃$ ，pH 接近 7.0 。由于酶无毒，易降解，不会造成环境污染，适于大规模生产。

（五）色谱分离法

色谱法是目前手性药物分析和分离中应用最广最有效的方法之一。常用的色谱拆分法有气相色谱法、高效液相色谱法、超临界流体色谱法、手性液 – 液萃取拆分法、毛细管电泳拆分法、膜分离法等。

第三部分

药物合成反应实验 ‹‹‹

第一章　卤　化　反　应

实验一　氯代叔丁烷的制备

【实验目的和要求】

1. 掌握叔丁醇的卤代反应机制。
2. 掌握卤化剂的种类及特点。

【实验原理】

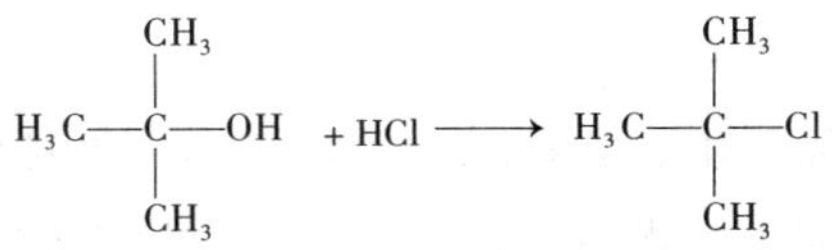

$$H_3C-\underset{\underset{CH_3}{|}}{\overset{\overset{CH_3}{|}}{C}}-OH \; + HCl \longrightarrow H_3C-\underset{\underset{CH_3}{|}}{\overset{\overset{CH_3}{|}}{C}}-Cl$$

【实验材料】

叔丁醇；浓盐酸；5%碳酸氢钠；无水硫酸镁。

【实验内容】

在装有搅拌器、温度计、回流冷凝管的250ml三颈瓶中，加入叔丁醇10g、浓盐酸33ml，搅拌，室温下反应1h，反应结束后，放置冷却。将反应液倒入分液漏斗中，分取有机层，以5%碳酸氢钠洗涤两次（25ml×2），以无水硫酸镁干燥0.5h，进行常压蒸馏（水浴），收集50~53℃的馏分，得产品为无色透明液体。

【注意事项】

1. 叔丁醇熔点为25℃，如果呈团体，需在温水中温热融化后使用。
2. 用碳酸氢钠洗涤时，要小心操作，注意及时放气。

【思考题】

1. 本实验中采用5%碳酸氢钠洗涤的目的是什么？
2. 是否可以采用其他氯化剂？
3. 实验中未反应的叔丁醇如何除去？

实验二　氯代环己烷的制备

【实验目的和要求】

1. 掌握卤代环烷烃制备方法，了解卤素置换羟基制备卤代烷烃的反应机制。

2. 掌握搅拌、萃取、分馏和气体吸收装置等操作。

【实验原理】

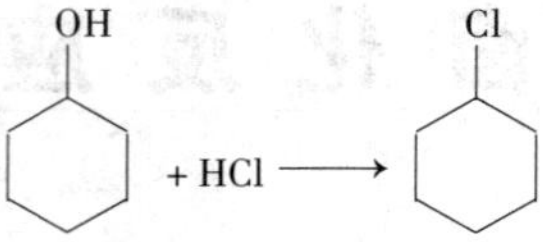

【实验材料】

环己醇；浓盐酸；饱和氯化钠；饱和碳酸氢钠；无水氯化钙。

【实验内容】

在装有搅拌器、温度计、回流冷凝管的 250ml 三颈瓶中，加入环己醇 30g，浓盐酸 85.3ml，混匀。油浴加热，保持反应平稳地回流 3~4h。反应结束，放置冷却，将反应液倒入分液漏斗中分取油层，依次用饱和氯化钠溶液 10ml，饱和碳酸氢钠溶液 10ml，饱和氯化钠溶液 10ml 洗涤。经无水氯化钙干燥后进行分馏，收集 138℃ 以上的馏分。纯氯代环己烷的沸点为 142℃。

【注意事项】

1. 反应中有氯化氢气体逸出，需在球形冷凝管顶端连接气体吸收装置。

2. 为加速反应，也可加入无水氯化锌或无水氯化钙催化。

3. 回流不能太剧烈，以防氯化氢逸出太多。开始回流温度在 85℃ 左右为宜，最后温度不超过 108℃。

【思考题】

1. 为什么回流温度开始要控制在微沸状态？如回流剧烈对反应有何影响？

2. 若在反应中加无水氯化钙，除有催化作用外，还有什么作用？

第二章 烃化反应

实验三 氯代三乙基苄基铵的制备

【实验目的和要求】

1. 掌握相转移催化剂的种类及制备方法。

2. 掌握机械搅拌的实验操作。

【实验原理】

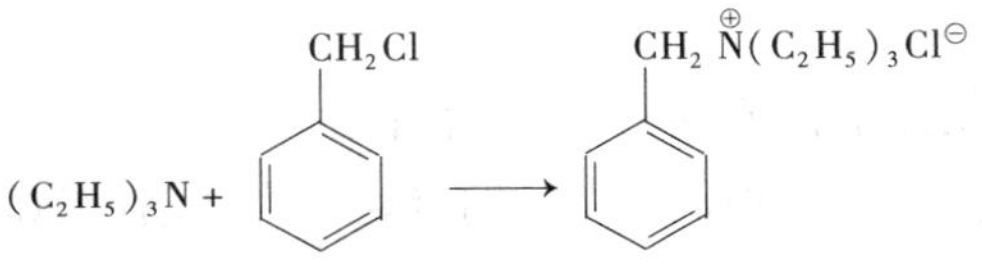

$$(C_2H_5)_3N + \underset{\text{CH}_2\text{Cl}}{\bigcirc} \longrightarrow \underset{\text{CH}_2\overset{\oplus}{N}(C_2H_5)_3Cl^{\ominus}}{\bigcirc}$$

【实验材料】

三乙胺；氯化苄；二氯乙烷。

【实验内容】

在装有搅拌器、温度计、回流冷凝管的 250ml 的三颈瓶中，加入三乙胺 12.5g、氯化苄 11.5g 和二氯乙烷 70ml，混匀。加热，保持反应平稳地回流 2h。反应结束后，放置冷却，过滤，得到白色晶体。测熔点（纯品 m. p. 197~200℃）。

【注意事项】

1. 控制回流反应温度在 80℃。

2. 氯代三乙基苄基铵易吸潮，产物应放入干燥器中贮存。

【思考题】

1. 为什么选用二氯乙烷为反应溶剂？

2. 常用的相转移催化剂有哪些，其结构有什么特点？

实验四 β-甲氧基萘的制备

【实验目的和要求】

1. 掌握甲基芳基醚的制备方法及羟甲基化的实验操作。

2. 熟悉硫酸二甲酯使用及注意事项。

【实验原理】

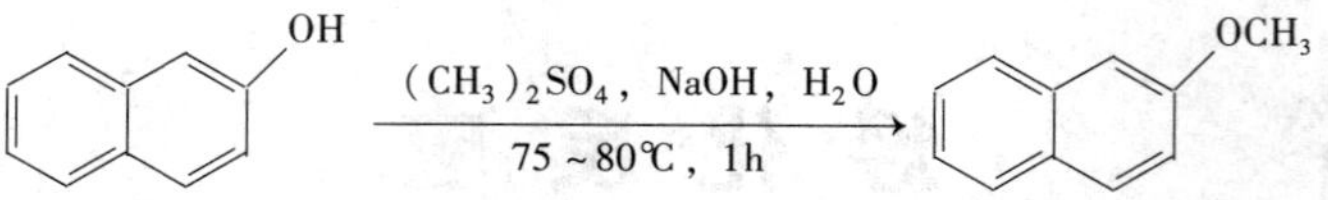

$$\text{β-萘酚} \xrightarrow[\text{75~80℃，1h}]{(CH_3)_2SO_4，NaOH，H_2O} \text{β-甲氧基萘}$$

【实验材料】

β-萘酚；硫酸二甲酯；10%氢氧化钠；三氯甲烷；乙醇；无水硫酸钠。

【实验内容】

在装有搅拌器、回流冷凝管、温度计和恒压滴液漏斗的150ml四颈瓶中，加入氢氧化钠溶液（氢氧化钠4.4g和水48ml），再加β-萘酚14.4g，溶解后冷至5℃，通过滴液漏斗慢慢加入硫酸二甲酯14.1g。自然升到室温，再加热至75~80℃反应1h。冷至室温，三氯甲烷萃取3次（每次30ml），合并萃取液，用10%氢氧化钠溶液洗涤1次，再用水洗涤2次，加入无水硫酸钠干燥。过滤，减压回收三氯甲烷，得β-甲氧基萘粗品。用乙醇重结晶，干燥，得β-甲氧基萘。测熔点（纯品 m. p. 73~75℃）。

【注意事项】

1. 可以预先将氢氧化钠溶液制备好放冷后备用。

2. 硫酸二甲酯毒性较大，量取时最好戴手套操作，或在教师指导下进行妥善处置。

【思考题】

1. 还有什么试剂或方法可以用于酚羟基的甲基化？

2. 常用的烃化剂种类有哪些？

3. 经过萃取合并后的三氯甲烷，为什么要用10%氢氧化钠溶液洗涤？

第三章 酰化反应

实验五 扁桃酸乙酯的制备

【实验目的和要求】

1. 掌握酯化反应的原理及实验操作。
2. 掌握共沸带水的基本原理及其在药物合成反应中的应用。

【实验原理】

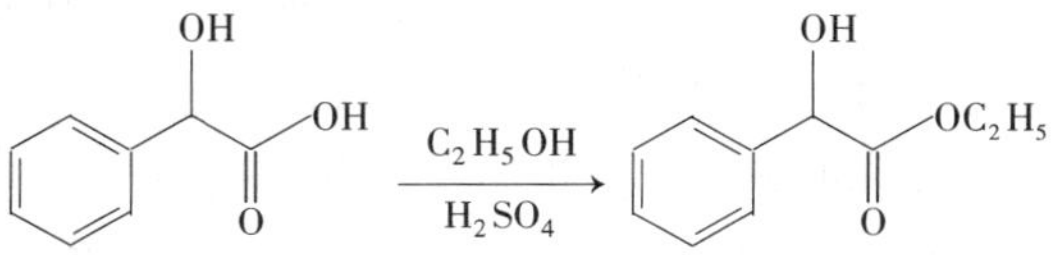

【实验材料】

扁桃酸；无水乙醇；浓硫酸；二氯甲烷；甲苯；饱和碳酸氢钠；无水硫酸镁。

【实验内容】

在装有搅拌器、回流冷凝管的 150ml 三颈瓶中，加入扁桃酸 10g，无水乙醇 40ml，搅拌溶解后，滴入浓硫酸 2ml，回流反应 2h。减压浓缩出大部分溶剂，冷却，将残余物倾入 50ml 碎冰中，用饱和的碳酸钠水溶液调 pH = 8，用二氯甲烷萃取三次（25ml × 3），用饱和食盐水洗涤有机层，无水硫酸镁干燥。滤除干燥剂，浓缩，向残留物中加入甲苯 30ml 共沸带水以除去产品中残存的微量水，最终得产品为淡黄油状物。

【注意事项】

1. 加浓硫酸时，要分次缓慢加入，并充分搅拌，以防止乙醇被氧化。
2. 由于扁桃酸乙酯在水中有一定的溶解度，为了尽可能减少损失，用饱和食盐水来进行洗涤。

【思考题】

1. 该反应中加入少量浓硫酸的目的是什么？
2. 甲苯共沸带水的原理是什么？

实验六 乙酰水杨酸（阿司匹林）的制备

【实验目的和要求】

1. 掌握以羧酸类化合物为原料制备酯的原理和实验方法。

2. 了解酸酐作为酰化试剂的反应操作过程。

3. 巩固重结晶操作技术。

【实验原理】

【实验材料】

水杨酸；浓硫酸；乙酸酐；饱和碳酸氢钠；18%盐酸；1%三氯化铁溶液。

【实验内容】

1. 乙酰水杨酸的制备   在装有搅拌器干燥的 150ml 三颈瓶中，依次加入水杨酸 4.14g，乙酸酐 12ml 和浓硫酸 10 滴，搅拌，使固体溶解后，水浴加热至 85℃，反应 10min。反应液冷却至室温，缓慢加入水 12～15ml，静置 5min，将反应液移至烧杯中，并在冰水浴中冷却，待有晶体析出后，再向烧杯中加入冷水 60ml，析晶完全，抽滤，用冷水洗涤晶体 2～3 次，抽干，得乙酰水杨酸粗品。

2. 精制   将粗品移至 250ml 烧杯中，并加入饱和碳酸氢钠溶液 60ml，不断搅拌至无气泡放出，抽滤后，将滤液倾入 250ml 烧杯中，在不断搅拌下慢慢加入 18%盐酸溶液 30ml，边加边搅拌，即有晶体不断析出。将烧杯置于冰水溶液中冷却，待结晶完全，过滤，滤饼以少量冷水洗涤，抽干，干燥，得纯品，称重。测熔点（纯品 m. p. 132～136℃）。

【注意事项】

1. 乙酰化反应所用仪器、量具必须干燥。

2. 乙酰化反应温度不宜过高，否则会有副产物的生成。

3. 乙酰水杨酸受热易于分解，熔点测定时，应缩短测试时间。

4. 取产物少量，加入乙醇 1ml 振荡溶解，再加入几滴 1%三氯化铁溶液，如果发生显色反应，产物可用乙醇–水，甲苯，丙酮，乙酸乙酯进行重结晶。

【思考题】

1. 浓硫酸在反应过程中的作用。可否不加？可否选用碱？

2. 反应过程中可能的副产物是什么？如何避免副产物的生成？

3. 注意事项中三氯化铁的加入，实验目的是什么？

实验七　对乙酰氨基酚（扑热息痛）的制备

【实验目的和要求】

1. 了解选择性乙酰化法的实验操作过程。

2. 掌握还原性产品的重结晶精制方法。

【实验原理】

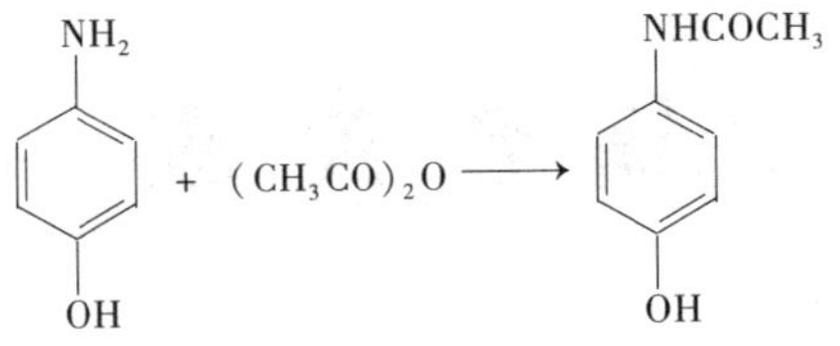

【实验材料】

对氨基苯酚；亚硫酸氢钠；醋酸酐。

【实验内容】

1. 对乙酰氨基酚的制备　在装有搅拌器的 150ml 三颈瓶中，依次加入对氨基苯酚 10.6g，水 30ml，醋酸酐 11.5g。水浴加热至 80℃，反应 30min。反应结束后放冷，析出晶体，抽滤，滤饼冷水 20ml 洗涤，抽干，得对乙酰氨基酚粗品。

2. 精制　将反应所得粗品于 100ml 烧杯中，加入粗品质量 5 倍的水，亚硫酸氢钠 0.5g，加热溶解，再加入适量活性炭，煮沸 5min。趁热常压过滤，滤液自然冷却析晶，过滤，滤饼以 0.5% 亚硫酸氢钠溶液 5ml 分两次洗涤，再用少量水洗涤。快速抽干，真空干燥，得对乙酰氨基酚纯品，测熔点（纯品 m. p. 168～171℃）。

【注意事项】

精制过程中亚硫酸氢钠的量不宜过多，否则影响产品质量。

【思考题】

1. 酰化过程可否使用醋酸代替醋酸酐。试分析可能的副反应。

2. 加入亚硫酸氢钠的目的是什么。

第四章 缩合反应

实验八　盐酸吗啉胍的制备

【实验目的和要求】

1. 掌握缩合反应的基本原理。

2. 掌握通过成盐、缩合反应等基本操作制备盐酸吗啉胍的方法。

【实验原理】

【实验材料】

吗啉；双氰胺；浓盐酸；二甲苯；乙醇。

【实验内容】

在装有温度计、冷凝管和滴液漏斗的 250ml 三颈瓶中，加入吗啉 28.5ml，搅拌下缓慢滴加浓盐酸 35ml，温度保持在 20～30℃。滴加完毕，继续搅拌至三颈瓶内白色烟雾消失。撤去滴液漏斗，加入二甲苯 100ml，加装分水器，加热回流分水，直至分水完全。自然冷却至 80℃以下，加入双氰胺 28g，搅拌下加热回流 2h。将二甲苯彻底蒸出。加水 90ml，待固体溶解后，加活性炭 2g，加热回流 5min，过滤，浓缩结晶，得盐酸吗啉胍粗品。

将所得粗品加入到 95% 乙醇 200ml 中，加热至固体全溶，静置，析出晶体，抽滤，干燥，称重。

【注意事项】

1. 吗啉与盐酸成盐反应时，浓盐酸滴加速度不宜过快。

2. 二甲苯一定要彻底蒸出，否则会形成油状物，不易析出晶体。

【思考题】

1. 吗啉盐酸盐与双氰胺缩合反应的机制是什么？

2. 本实验中分水器的工作原理是什么？

实验九　肉桂酸的制备

【实验目的和要求】

1. 掌握肉桂酸的制备原理和方法。

2. 掌握水蒸气蒸馏的原理及操作方法。

【实验原理】

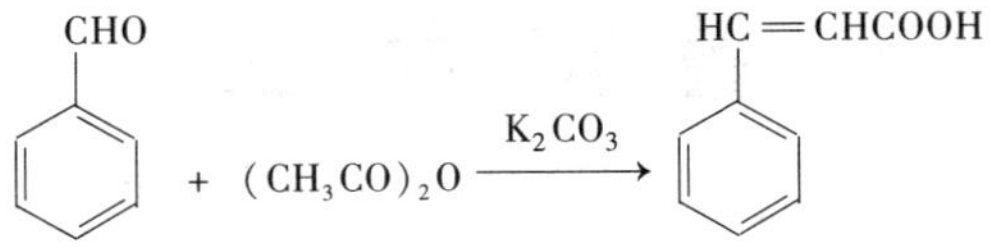

$$\text{C}_6\text{H}_5\text{CHO} + (CH_3CO)_2O \xrightarrow{K_2CO_3} \text{C}_6\text{H}_5\text{HC}=\text{CHCOOH}$$

【实验材料】

苯甲醛；乙酸酐；无水碳酸钾；10%氢氧化钠；浓盐酸。

【实验内容】

在装有空气冷凝管、温度计的250ml三颈瓶中，加入新蒸馏过的苯甲醛5ml，乙酸酐14ml，无水碳酸钾7.0g。混合均匀后用油浴加热回流50min。反应完毕后冷却至室温，向反应瓶中加水40ml，并稍加热使固体全溶。改用水蒸气蒸馏装置进行水蒸气蒸馏。当馏出液澄清透明，不再含有油滴时，停止蒸馏。冷却后，加入10%氢氧化钠水溶液40ml，使肉桂酸形成钠盐而溶解。再加90ml水和适量活性炭，加热5min，趁热过滤，将滤液倒至250ml烧杯中，搅拌下缓慢滴加浓盐酸至pH 2~3。用冰水冷却，待结晶完全，过滤，干燥，称重。

【注意事项】

1. 所使用仪器必须经过严格干燥。

2. 反应时间不宜过长，否则会因肉桂酸脱羧成苯乙烯，进一步生成苯乙烯聚合物。

3. 乙酸酐沸点较低，回流时加热温度不宜过高，否则由于剧烈沸腾，乙酸酐会从冷凝管逸出，使收率下降。

【思考题】

1. 在肉桂酸的制备实验中，能否用浓氢氧化钠溶液代替碳酸钠溶液中和水溶液？

2. 本实验中水蒸气蒸馏的原理是什么？

第五章 重排反应

实验十 邻氨基苯甲酸的制备

【实验目的和要求】

1. 掌握 Hofmann 重排反应的基本原理和伯胺的制备方法。
2. 掌握由酰胺制备伯胺的实验操作。
3. 熟悉制备次溴酸钠的实验操作。

【实验原理】

【实验材料】

邻苯二甲酰亚胺；溴；氢氧化钠；浓盐酸；冰醋酸；饱和亚硫酸氢钠。

【实验内容】

1. 溶液的配制　在 100ml 锥形瓶中，加入氢氧化钠 7.5g 和水 30ml，搅拌溶解，置于冰盐浴中冷至 0℃ 以下。一次加入溴 2.3ml，待溴全部作用制成次溴酸钠溶液，置于冰盐浴中冷却备用。在另一锥形瓶中加入氢氧化钠 5.5g，水 20ml 得氢氧化钠溶液，置于冰盐浴中冷却备用。

2. 邻氨基苯甲酸的制备　在装有搅拌器的三颈瓶中，在 0℃ 以下加入制好的次溴酸钠溶液，再慢慢加入粉状邻苯二甲酰亚胺 6g。室温下搅拌，迅速加入预先配制好并冷至 0℃ 的氢氧化钠溶液，液温自动上升，在 15~20min 内逐渐升温至 20~25℃（必要时加以冷却，尤其在 18℃ 左右往往有温度的突变，须加以注意），在该温度保持 10min，再使其在 25~30℃ 反应 0.5h。此时反应液呈澄清的淡黄色溶液。然后在水浴上加热至 70℃，维持 2min。加入饱和亚硫酸氢钠溶液 2ml，摇振，抽滤。将滤液转入烧杯，置于冰浴中冷却。在搅拌下慢慢加入浓盐酸（约需 15ml）使溶液成中性，再慢慢加入冰醋酸 6~6.5ml，使邻氨基苯甲酸完全析出。抽滤，用少量冷水洗涤。粗产物用热水重结晶，并加入少量活性炭脱色，干燥后可得白色片状晶体。测熔点（纯品 m. p. 145℃）。

【注意事项】

1. 溴为剧毒、强腐蚀性药品。量取时，带防护眼镜及橡皮手套，在通风橱用移液管准确量取。并注意不要吸入溴的蒸气。

2. 邻氨基苯甲酸既能溶于碱，又能溶于酸，故过量的盐酸会使产物溶解。若加入了过量的盐酸需再用氢氧化钠溶液中和至中性。

3. 邻氨基苯甲酸的等电点为 pI 3～4，为使产物完全析出，故需加入适量的醋酸。

【思考题】

1. 本实验中，溴和氢氧化钠的量不足或有较大过量有什么不好？

2. 邻氨基苯甲酸的碱性溶液，加盐酸使之恰成中性后，为什么不再加盐酸而是加适量醋酸使邻氨基苯甲酸完全析出？

3. 使用液溴时应注意哪些方面？

实验十一　己内酰胺的制备

【实验目的和要求】

1. 掌握 Beckmann 重排反应的原理和酰胺的制备方法。

2. 掌握和巩固低温操作、干燥、减压蒸馏等基本操作。

【实验原理】

【实验材料】

环己酮；羟胺盐酸盐；结晶醋酸钠；70% 硫酸；氨水；三氯甲烷；无水硫酸镁。

【实验内容】

1. 环己酮肟的制备　在 250ml 的三角烧瓶中加入羟胺盐酸盐 7g，结晶状的醋酸钠 10g，加入水 30ml 使之完全溶解。水浴加热到 35～40℃，分批加入环己酮 7.5ml，剧烈振荡，即有固体析出，待有白色粉状结晶析出表明反应完全。冷却，过滤，少量冷水洗涤，干燥，得白色环己酮肟结晶。

2. 己内酰胺的制备　在装有搅拌器、温度计和滴液漏斗的三颈瓶中，加入 70% 硫酸 3ml。缓慢加热至 130～135℃，搅拌，将环己酮肟溶液（干燥环己酮肟 5g，70% 硫酸 5ml）缓缓滴入三颈瓶中，大约 20min 滴完。继续搅拌 5min，移去热源，降温至 80℃，再用冰盐水冷却至 0～5℃。冷却搅拌下滴加浓氨水至 pH = 8（大约 18ml），在此过程中瓶内温度应低于 20℃。将反应混合物转移至分液漏斗，三颈瓶用 10ml 水洗涤，洗涤液并入分液漏斗。用三氯甲烷萃取三次（每次 8ml）。三氯甲烷萃取液用无水硫酸镁干燥，过滤。滤液常压蒸馏回收三氯甲烷，残余物再进行减压蒸馏，收集 137～140℃馏分。馏出物很快固化为无色晶体。测熔点（纯品 m. p. 68～70℃）。

【注意事项】

1. 环己酮肟要干燥，最好先在滤纸上挤压，然后再置空气中晾干，否则不易干。

2. 滴加环己酮肟时应注意控制温度在 130～135℃。若温度过低，则重排反应进行不完全，产物中含有未反应的原料，产率也较低；若温度过高，可能导致产物聚合。

3. 减压蒸馏时，为防止己内酰胺在冷凝管中凝结，最好不用冷凝管，即将蒸馏瓶直接与接液管相连接。

【思考题】

1. 制备环己酮肟时，为什么要加醋酸钠？

2. 如产物中夹有未反应的少量原料环己酮肟，如何除去？

3. 为什么要加入氨水中和？滴加氨水时为什么要控制反应温度？

第六章 氧化还原反应

实验十二 对硝基苯甲酸的制备

一、KMnO₄法

【实验目的和要求】

1. 掌握 KMnO₄ 氧化制备对硝基苯甲酸的实验方法。

2. 了解氧化剂的种类、特点及反应条件。

【实验原理】

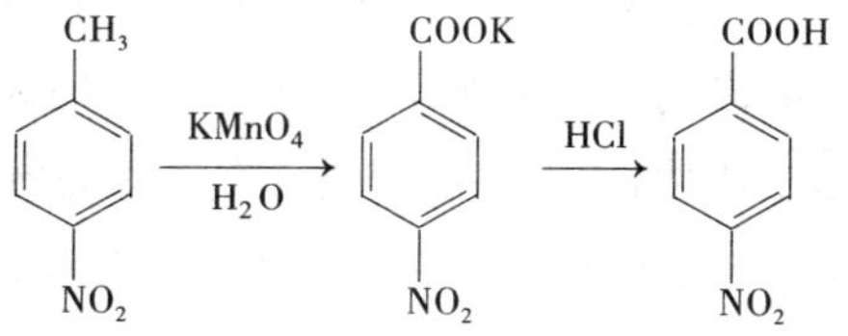

【实验材料】

对硝基甲苯；高锰酸钾；浓盐酸；乙醇。

【实验内容】

在装有搅拌器、温度计、回流冷凝管的 250ml 三颈瓶中，加入对硝基甲苯 7g、高锰酸钾 10g，水 100ml，搅拌，在油浴上加热至 80℃ 反应 1h，加入高锰酸钾 5g，反应 1h 后再加入高锰酸钾 5g，反应约 0.5h（直到高锰酸钾的颜色完全消失）。冷却至室温，抽滤，20ml 水洗涤滤饼一次，滤液在搅拌下加浓盐酸 10ml 酸化，待析出的沉淀冷却至室温后抽滤，水洗滤饼，抽干得产品。产品以乙醇为溶剂重结晶，得精品。测熔点（纯品 m. p. 239℃）。

【注意事项】

1. 注意控制反应温度，温度过高时对硝基甲苯易升华而结晶于冷凝管底部。

2. 高锰酸根带有鲜红色，而生成的二氧化锰为黑色沉淀。

【思考题】

1. 实验中高锰酸钾为什么要分批加入？

2. 试比较该氧化方法和 $Na_2Cr_2O_7$ 氧化法的优缺点？

二、$Na_2Cr_2O_7$法

【实验目的和要求】

掌握 $Na_2Cr_2O_7$ 氧化制备对硝基苯甲酸的实验方法。

【实验原理】

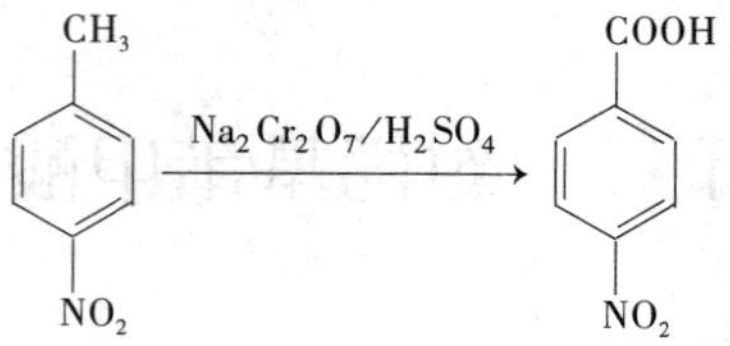

【实验材料】

对硝基甲苯；重铬酸钠；浓硫酸；5%氢氧化钠；15%硫酸；乙醇。

【实验内容】

在装有搅拌器、温度计、滴液漏斗的250ml三颈瓶中，加入对硝基甲苯6g、重铬酸钠18g，水40ml。搅拌，将28ml浓硫酸由滴液漏斗加入到反应瓶中，滴加完毕，装上回流冷凝管，加热至80℃反应1.5h，冷却到室温，加入50ml水。抽滤，滤饼用50ml水洗涤两次。将滤饼转移到100ml的圆底烧瓶中，加入5%稀硫酸25ml，于沸水浴上加热10min，冷却到室温后抽滤，将滤饼溶于约5%的氢氧化钠30ml中，再加入活性炭0.3g，加热至50℃，脱色5min后，趁热抽滤，将滤液在搅拌下慢慢倾入60ml 15%硫酸中得浅黄色沉淀，抽滤，水洗滤饼，抽干得产品。产品以乙醇为溶剂重结晶，得精品。测熔点（纯品 m. p. 239℃）。

【注意事项】

1. 滴加浓硫酸时温度不能超过30℃。

2. 注意控制反应温度，温度过高时对硝基甲苯易升华而结晶于冷凝器底部。

3. 加稀硫酸溶解铬盐。

【思考题】

1. 本实验是否可选其他氧化剂？

2. 反应中硫酸的浓度对反应的进行有何影响？

实验十三　烟酸的制备

【实验目的和要求】

1. 掌握烟酸制备的氧化反应原理及制备操作过程。

2. 了解高锰酸钾为氧化剂的氧化反应操作。

3. 掌握重结晶操作方法。

【实验原理】

$$\underset{N}{\overset{CH_3}{\bigcirc}} \xrightarrow{KMnO_4} \underset{N}{\overset{COOK}{\bigcirc}} \xrightarrow{HCl} \underset{N}{\overset{COOH}{\bigcirc}}$$

【实验材料】

3 - 甲基吡啶；高锰酸钾；浓盐酸。

【实验内容】

1. 烟酸的制备　在装有磁力搅拌器、回流冷凝管的250ml三口烧瓶中，加入3 - 甲基吡啶5.00g，水100ml。搅拌下升温至70℃。另取高锰酸钾18.75g均分5份，依次缓慢加入至反应体系中，每次加入高锰酸钾应确保上次加入的氧化剂已反应完全，且新加入的高锰酸钾需用少量水冲洗，保证瓶壁无残余。加入完毕后升温至85~90℃，再补加高锰酸钾3.75g直至反应体系紫色完全消失。反应结束后抽滤体系除去生成的二氧化锰，滤饼用40ml热水洗。将合并母液减压蒸馏除水，直至水相浓缩至75ml左右。浓盐酸调节pH至3~4。再次加热体系95~100℃，趁热常压过滤，使母液在室温下缓慢降温析晶，过滤、抽干，得粗品。

2. 精制　将粗品移至单口烧瓶中，加入粗品质量数5倍量的蒸馏水，加热至沸腾后加入质量数5%的活性炭，煮沸10min。趁热常压过滤，使母液在室温下缓慢降温析晶，过滤，滤饼以少量冷水洗涤，抽干，干燥，得纯品。测熔点（纯品 m. p. 234~238℃）。

【注意事项】

1. 高锰酸钾要分批加入，确保氧化剂充分的参与到反应过程中。
2. 反应结束后如果反应体系颜色仍不褪去，可适当加入少量乙醇。

【思考题】

1. 高锰酸钾为什么要分批加入？
2. 如何判断氧化剂反应完全？
3. 为什么加入乙醇可以除去剩余的高锰酸钾？
4. 浓盐酸调节pH的操作过程中，可否将pH调至更低？

实验十四　葡甲胺的合成

【实验目的和要求】

1. 掌握加压氢化操作。
2. 了解还原胺化反应的反应过程。

【实验原理】

【实验材料】

氢氧化钠；铝镍合金；甲胺水溶液；95% 乙醇；葡萄糖；甲胺醇溶液；乙二胺四乙酸（EDTA）。

【实验内容】

1. 雷尼镍催化剂的制备　在装有搅拌器的 250ml 三颈瓶中，加入氢氧化钠 25g，蒸馏水 100ml，搅拌溶解。在水浴上加热到 50 ～ 85℃，搅拌下分批加入铝镍合金 25g，约 45min 加完。然后在 85 ～ 100℃搅拌反应 30min，静置，使镍沉降，倾去上层清液。以倾泻法用蒸馏水洗涤至中性，再用 95% 乙醇洗涤 3 次（每次 50ml），检查活性后用乙醇覆盖备用。

2. 甲胺醇溶液的制备　在装有冷凝管、干燥管的 500ml 蒸发瓶中，加入甲胺水溶液 3ml。小心加热蒸发瓶，使甲胺缓慢蒸发，甲胺气体通过干燥管后进入吸收瓶（吸收瓶中加入 95% 乙醇 240ml）。当蒸发瓶中甲胺水溶液温度上升到 92℃时，停止蒸馏，测定甲胺醇溶液的甲胺含量，应在 15% 以上。若含量不足继续通甲胺，浓度过高则加入计算量的乙醇稀释到 15%。

3. 葡甲胺的制备　在高压釜中加入葡萄糖 6g、15% 甲胺乙醇溶液 29g 及雷尼镍催化剂 1.3g，在用少量乙醇冲洗附着在釜壁上的雷尼镍催化剂。仔细地盖上釜盖，逐步对称地拧紧螺帽。按规定顺序排除釜内空气。通氢气使釜内压力达到 15kg/cm²，关闭进气阀，启动搅拌，待正常后开始加热，维持温度在（68 ± 2）℃。随时观察釜内压力变化，当压力降到 10kg/cm² 时，补充氢气到 15kg/cm²。如此反复通氢气至氢压不再变化为止，约需 6h。停止搅拌，冷却至室温，打开排气阀排尽釜内残余空气，拧松螺帽，移开釜盖，吸出物料，过滤除去触媒。滤液冷却到 5℃以下，析出结晶，抽滤，得葡甲胺粗品。

将粗品用 6 ～ 8 倍量蒸馏水溶解，加少量活性炭，再加入乙二胺四乙酸 0.5g 的水溶液，加热回流 40min，过滤，滤液在搅拌下慢慢倒入适量的乙醇中。冷却到 5℃，析出结晶。抽滤，烘干后得产品。测熔点（纯品 m. p. 128 ～ 131℃）。

【注意事项】

1. 雷尼镍催化剂的制备时，搅拌下分批加入铝镍合金约 45min 加完。因为铝镍合金粉末含镍为 40% ～ 50%，一次不宜加得过多，否则，因反应剧烈产生很多气泡而溢出。

2. 高压釜中排除空气的操作步骤：拧开进气阀，通入氢气到 3kg/cm²，关闭进气阀，经检查无漏气现象后拧松排气阀，将气体放出（可稍留一些保持压力以防空气倒灌），关闭排气阀后重复以上操作 2 次，使高压釜中的空气全部排除，最后通入氢气至所需压力 $15kg/cm^2$，拧紧进气阀，关闭钢瓶阀门，进行氢化。

3. 反应后的雷尼镍催化剂仍有相当的活性，过滤时切勿滤干，以防催化剂燃烧。并立即用少量乙醇洗涤 3 次，然后将潮湿的触媒滤渣连同滤纸移到盛有乙醇的烧杯中。

【思考题】

1. 试述葡萄糖与甲胺在催化剂作用下进行还原胺化的反应过程。

2. 在加压还原胺化反应中甲胺的摩尔比需过量很多，为什么？

3. 加压还原胺化反应要用何种压力表？能否用氧气压力表代替？

第七章 其他反应

实验十五 对硝基乙酰苯胺的制备

【实验目的和要求】

1. 掌握硝化反应的机制。

2. 掌握硝化剂的种类及其特点。

【实验原理】

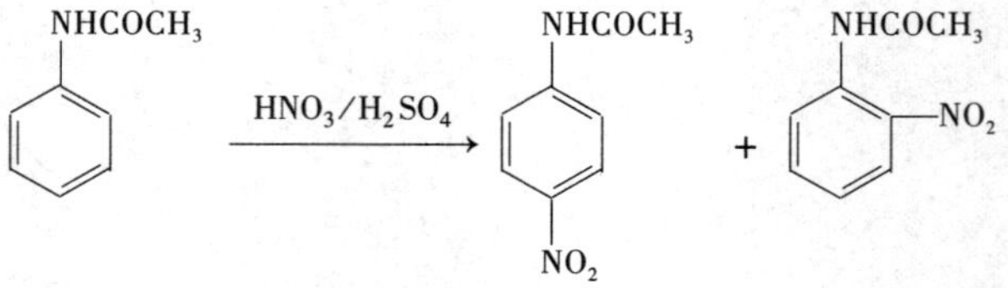

【实验材料】

乙酰苯胺；冰醋酸；浓硫酸；浓硝酸；乙醇。

【实验内容】

在装有搅拌器、温度计、回流冷凝管及滴液漏斗的 250ml 四颈瓶中，加入乙酰苯胺 13.5g，冰醋酸 13.5ml，搅拌，在水浴冷却下滴加浓硫酸 29ml，滴加过程中保持反应温度不超过 30℃。冰盐浴冷却反应液至 0℃，滴加配置好的混酸（由浓硫酸 6ml 和浓硝酸 6.9ml 配置而成），滴加过程中严格控制滴加速度使反应温度不超过 10℃，滴加完毕，于室温下放置 1h。将反应混合物在搅拌下倒入装有 130g 的碎冰的烧杯中，即刻有黄色的对硝基乙酰苯胺沉淀析出，待碎冰全融化后，用耐酸漏斗抽滤，冰水洗涤滤饼至中性，抽干，得粗品。将该粗品以 130ml 乙醇重结晶，得对硝基乙酰苯胺精品。测熔点（纯品 m. p. 213~214℃）。

【注意事项】

1. 加入浓硫酸剧烈放热，因此操作时小心慢慢加入，此时反应液应为澄清液。

2. 配制混酸时放热，要在冷却及搅拌条件下配制，要将硫酸逐滴加到硝酸中去。

【思考题】

1. 实验中采用乙醇重结晶法分离邻、对位硝化产物的根据是什么？

2. 冰解步骤的原理是什么？

3. 配制混酸过程中有时制得的混酸带有浅棕色，分析其原因。

实验十六 扁桃酸的制备

【实验目的和要求】

1. 掌握扁桃酸的制备原理和方法。
2. 掌握相转移催化反应的原理及应用。

【实验原理】

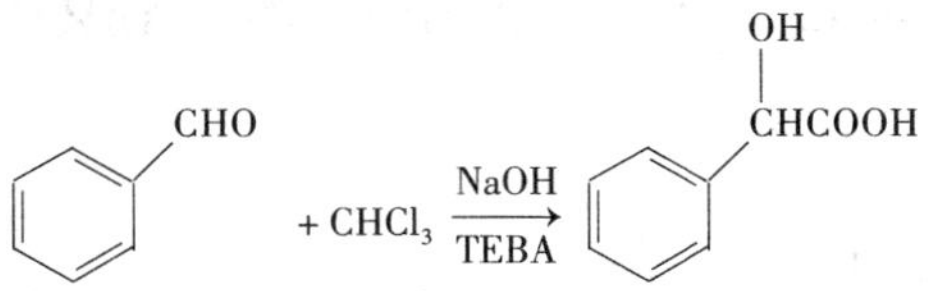

【实验材料】

苯甲醛；三氯甲烷；三乙基苄基胺盐（TEBA）；50%氢氧化钠；50%硫酸；乙醚；甲苯；无水乙醇；无水硫酸钠。

【实验内容】

在装有滴液漏斗、温度计和冷凝管的150ml三颈瓶中，加入苯甲醛10.6ml，三乙基苄基胺盐1.3g，三氯甲烷16ml。搅拌，水浴加热，升温至50～60℃，缓慢滴入50%氢氧化钠水溶液25ml，控制滴加速度，使温度保持在50～60℃。滴加完毕，在此温度下继续搅拌1h。将反应液冷至室温后倒入200ml水中，用乙醚萃取两次（每次20ml）。弃醚层，水层用50%硫酸调pH 1～2，再用乙醚萃取四次（每次20ml），弃水层，合并乙醚萃取液，无水硫酸钠干燥。常压下蒸去乙醚，得粗品。

将粗产品用甲苯-无水乙醇（体积比8∶1）重结晶，趁热过滤，母液在室温下静置析出晶体，抽滤，干燥，称重。测熔点（纯品 m. p. 118～119℃）。

【注意事项】

1. 本反应为非均相反应，必须使用安全、有效的搅拌器保持充分搅拌。
2. 50%氢氧化钠水溶液腐蚀性较强，应小心操作。盛放50%氢氧化钠水溶液的滴液漏斗必须及时清洗，否则易使活塞腐蚀。

【思考题】

1. 实验中，酸化前后两次用乙醚萃取的目的分别是什么？
2. 本实验的反应机制是什么？

第八章 综合实验

实验十七　N-苄基乙酰苯胺的合成

【实验目的和要求】

1. 掌握酰胺的制备方法。
2. 掌握相转移催化反应的原理及药物合成中的应用。

【实验原理】

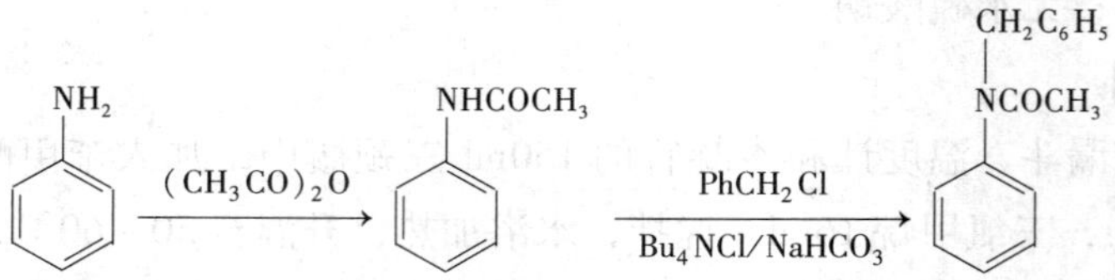

【实验材料】

苯胺（新鲜）；醋酸酐；四丁基氯化铵；氯化苄；碳酸氢钠；丙酮；乙酸乙酯；饱和食盐水；无水硫酸钠。

【实验内容】

1. 乙酰苯胺的合成　在装有搅拌器的 250ml 三颈瓶中，加入新蒸过的苯胺 10ml，水 50ml，搅拌，然后分多次加入醋酸酐 12.5ml。反应液冷却到室温后，减压抽滤，并用少量冷水洗涤产物，得粗品。

将得到的乙酰苯胺粗品移至烧杯中，加入水 250ml，加热至溶解。稍冷后加入活性炭 1~2g，继续煮沸几分钟。趁热过滤，室温放置冷却，待结晶完全析出后，过滤，干燥，称重。测熔点（纯品 m. p. 115~116℃）。

2. N-苄基乙酰苯胺的合成　在装有磁力搅拌器的干燥 250ml 三颈瓶中，加入乙酰苯胺 5g，四丁基氯化铵 0.1g，无水碳酸氢钠 4g，无水丙酮 100ml。于 60~70℃ 回流，搅拌下缓慢滴入氯化苄 4.68g 的丙酮溶液 50ml（约 45min 滴完）。继续于上述温度下搅拌反应 5h。冷却，过滤，减压蒸馏回收溶剂至干。剩余物溶解于乙酸乙酯 100ml，用饱和食盐水洗涤（2×50ml），有机相用无水硫酸钠干燥 0.5~1h。过滤，回收熔剂至干，得淡黄色油状产物。

【注意事项】

1. 实验所用玻璃仪器必须干燥。

2. 久置的苯胺颜色变深有杂质，会影响乙酰苯胺的质量和产率，最好用新蒸馏的苯胺。

3. 冰醋酸具有强烈刺激性，需在通风橱内取用。

【思考题】

本实验中为何要使用四丁基氯化铵，其作用是什么？

实验十八　贝诺酯的合成

【实验目的和要求】

1. 掌握氯化试剂在乙酰水杨酰氯制备中的选择，了解氯化过程的无水操作要求。

2. 了解拼合原理在化学结构修饰方面的应用。

3. 掌握酸性气体吸收装置的安装，熟练常压蒸馏过程基本操作。

【实验原理】

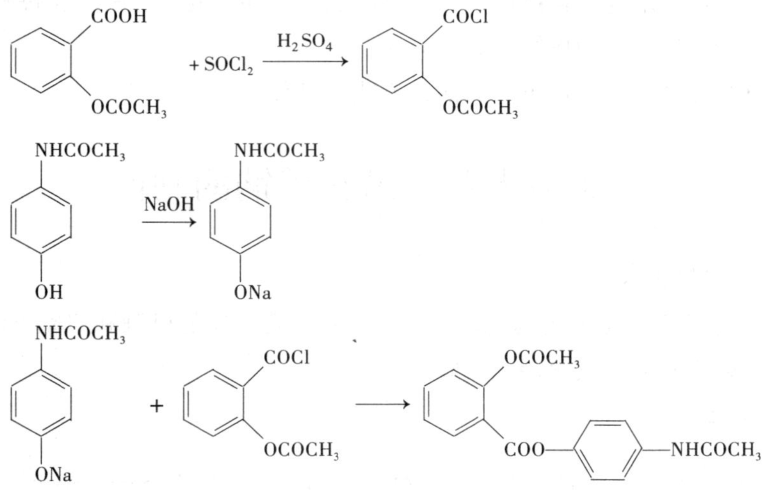

【实验材料】

阿司匹林；吡啶；对乙酰氨基酚；氯化亚砜；氢氧化钠。

【实验内容】

1. 乙酰水杨酰氯的制备　在装有磁力搅拌器、干燥管、气体吸收回流装置的 100ml 圆底烧瓶（干燥）中，依次加入阿司匹林 10.5g，氯化亚砜 10.5g，无水吡啶 2 滴。搅拌，保持稳定回流反应 1h 至无尾气放出。体系保持干燥状态降至室温，拆除冷凝管，并改接减压蒸馏装置，减压条件下，缓慢升温除去未反应的氯化亚砜。操作结束后，保持干燥状态下体系泄压，并迅速加入无水丙酮 10ml，加盖密封备用。

2. 贝诺酯的制备　在装有机械搅拌器、恒压滴液漏斗、温度计的 250ml 三颈瓶中，依次加入对乙酰氨基酚 10.0g，水 60ml。搅拌状态下，冰浴冷却至 10℃ 以下，缓慢滴加氢氧化钠水溶液 3.6g（约 20ml）。待滴加完毕后，保持温度不变条件下，另取一干燥的恒压滴液漏斗，加入第一步制备的乙酰水杨酰氯的丙酮溶液，在强力搅拌下，缓慢滴加（约 30min）。滴加完毕后，保持低温，氢氧化钠调节 pH 10 左右，再保持搅拌 1h。最后抽滤产品，水洗至中性，得粗品。

3. 精制　将粗品移至 100ml 烧杯中，加入 10 倍量 95% 乙醇，在水浴中加热至溶解后，加入适量活性炭，回流 10min，趁热常压过滤，将滤液自然冷却，待结晶完全析出后，抽滤，干燥，得纯品，称重。测熔点（纯品 m. p. 174~178℃）。

【注意事项】

1. 酰氯化反应所用仪器必须干燥且水浴锅应油封或选用油浴加热。
2. 吡啶作为催化剂用量不宜过多，否则影响产品质量。

【思考题】

1. 乙酰水杨酰氯合成中严格控制水的存在，试说明如果水的存在还可能发生的副反应。
2. 第二步贝诺酯的制备反应过程，可否发生芳环上的傅克酰基化过程，说明原因？
3. 试述酯化反应结构修饰的意义？
4. 试总结归纳羧基其他可能的活化方式及过程？

实验十九　苯妥英钠的制备

【实验目的和要求】

1. 掌握应用维生素 B_1 为催化剂进行安息香缩合反应的机制和实验方法。
2. 掌握利用硝酸作氧化剂的实验方法。

【实验原理】

【实验材料】

苯甲醛；浓硝酸；冰醋酸；维生素 B_1；尿素；95% 乙醇；15% 盐酸；氢氧化钠。

【实验内容】

1. 安息香（二苯乙醇酮）的制备　在装有搅拌器、冷凝管、温度计的 250ml 三颈瓶中，加入 6g 维生素 B_1、水 30ml、95% 乙醇 60ml。开动搅拌，待维生素 B_1 溶解后，加入 2mol/L 的 NaOH 水溶液 22.5ml 和新蒸馏的苯甲醛 22.5ml，水浴加热至 70℃，并在此温度下反应 1.5h。将反应液降至室温，用冰水冷却，使晶体完全析出，抽滤，滤饼用少量冰水洗涤，干燥，称重。

2. 二苯乙二酮的制备

方法一：在装有温度计、球型冷凝管的 250ml 三颈瓶中，加入安息香粗品 6g，冰醋酸 30ml，浓硝酸 15ml。从冷凝管顶端装一导管，将其导入到 20% 氢氧化钠溶液中以吸收反应过程产生的 NO_2 气体。开动搅拌，油浴加热，逐渐升温至沸。反应期间每隔 20min 用薄层层析监测反应进程。毛细管取少量反应液在薄层硅胶板上点样，待醋酸和硝酸挥发干后，二氯甲烷展开，碘显色。反应约 2h。冷却至室温，将反应液慢慢倾入装有 120ml 水和 120g 冰的烧杯中，充分搅拌至结晶全部析出。抽滤，滤饼用少量冰水洗涤，干燥，称重。

方法二：在装有搅拌器、冷凝管、温度计的 150ml 三颈烧瓶中，依次加入三氯化铁 18g，冰醋酸 20ml，水 8.5ml。开动搅拌，加热至沸，待三氯化铁溶解后，加入二苯乙醇酮 3.7g，回流 50min。冷却，减压抽滤，粗品用 95% 的乙醇重结晶。得黄色结晶，干燥，称重。

3. 苯妥英的制备　在装有温度计、球型冷凝管的 150ml 三颈瓶中，加入二苯乙二酮 4g，尿素 1.5g，20% 氢氧化钠 12ml，95% 乙醇 20ml，开动搅拌，水浴加热，回流 50min。反应完毕，搅拌下将反应液倾入到 120ml 冷水中，搅拌后放置 1.5h，滤除副产物，滤液用 15% 盐酸调至 pH 5～6，放置析出晶体，结晶完全后，抽滤，滤饼用少量水洗涤，得苯妥英粗品。

4. 成盐与精制　将苯妥英粗品置 100ml 烧杯中，按粗品与水为 1∶4 之比例加入水，搅拌下滴加 20% 氢氧化钠水溶液至固体全溶，加活性炭少许，在 60℃ 下搅拌加热 5min，趁热抽滤。滤液放至室温，冰水冷却，析出晶体，抽滤，少量冰水洗涤，干燥得苯妥英钠，称重。测熔点（纯品 m. p. 290℃）。

【注意事项】

1. 维生素 B_1 在酸性条件下稳定，在水溶液中易被空气氧化失效，遇光和 Fe、Cu、Mn 等金属离子可加速氧化。在氢氧化钠溶液中易开环失效，反应前必须用冰水将氢氧化钠溶液充分冷却。

2. 浓硝酸为强氧化剂，使用时应避免与皮肤、衣服等接触，氧化过程中，硝酸被还原产生 NO_2 气体，该气体具有一定刺激性，控制反应温度，以防反应过于激烈使大量 NO_2 气体逸出。

3. 成盐反应时，加水量过多可使苯妥英钠不易析出影响收率，应严格按比例加水。

【思考题】

1. 对苯妥英钠进行重结晶时应如何操作，注意事项是什么？

2. 维生素 B_1 催化安息香缩合反应的机制是什么？

实验二十　地巴唑的合成

【实验目的和要求】

1. 掌握磺化、硝化、水解、中和及缩合的原理及基本操作方法。
2. 掌握苯并咪唑环的合成方法及其操作方法。

【实验原理】

【实验材料】

乙酰苯胺；发烟硫酸；碳酸钠；亚硝酸钠；18% 硫化钠；苯乙酸；10% 氢氧化钠；20% 盐酸；40% 氢氧化钠；发烟硝酸。

【实验内容】

1. 邻硝基苯胺的制备

磺化　在装有搅拌器、温度计的 250ml 三颈瓶中，加入 20% 发烟硫酸 75g，搅拌，瓶外用少量冰水冷却，待发烟硫酸冷却到 10℃ 左右时，加入乙酰苯胺 25g（分次少量加入），反应液温度不超过 30℃。乙酰苯胺加完后撤去冰水浴，改用水浴加热，反应液温度保持在 65~70℃，反应 1h。测定反应终点（取试管一支加入少量碳酸钠试液，取反应液一滴加入试管中，振摇，如不混浊即可停止反应），然后加 92% 硫酸 42.5g。

硝化　取发烟硝酸 11.7g 置 100ml 锥形瓶中，在冷却下慢慢加入硫酸 38g，配成混合酸。将混合酸用冰冷却后，倒入分液漏斗中。

将磺化反应液，在搅拌下用冰盐浴冷却至 0℃ 以下，慢慢滴入混合酸，反应温度不得超过 2℃，混合酸加完后继续保持在 0℃ 以下搅拌反应 2h。反应停止后，在冷却下，慢慢加入水 25ml，注意温度不能超过 30℃。

水解、中和　将反应液加热，并逐渐加入水调节回流温度，在 156℃ 回流 1h（加水量应包括硝化反应后加入的 25ml 在内，需 50ml 左右）。稍冷，置入盛有 50g 冰、10ml 水的 500ml 烧杯中，搅拌均匀，过滤。滤渣用热水洗两次（三颈瓶也用热水洗）。合并滤液，用 40% 氢氧化钠溶液中和至 pH 12，放冷至 30℃ 过滤，滤饼用少量水洗涤，抽干。将所得邻–硝基苯胺取出捣碎，阴干。测熔点。

2. 邻苯二胺制备

在装有搅拌器、温度计、回流冷凝管 500ml 三颈瓶中，加入硫

化钠水溶液，搅拌下加热至60℃，缓慢分次加邻硝基苯胺（邻硝基苯胺: 硫化钠 = 1
: 10.67），加完后在102℃下回流反应4h。缓慢降温至5℃（先用冷水，后用冰浴），
在5℃下保持0.5h，过滤。结晶以冰水洗涤一次，抽干。干燥。

3. 地巴唑盐酸盐的制备

缩合反应 在装有搅拌器、温度计、回流冷凝管500ml三颈瓶中，加入邻苯二胺及
盐酸，用小火加热，搅拌使溶，然后加苯乙酸（邻苯二胺: 盐酸: 苯乙酸 = 1: 1.25: 1.3），
加热至反应液温度达112℃左右，开始除水，然后慢慢升温至160～165℃反应1h。然
后继续缓慢升温，0.5h内升至200℃。在200℃左右维持30min，再缓慢升温至240℃后，
将反应液降至200℃倾入盛有75ml热水的烧杯中，取少量热水洗涤三颈瓶、温度计及搅
拌器，将洗液与上项反应液合并，用10%氢氧化钠中和至pH 9.5～10后，冷却至30℃过
滤，滤饼用水洗涤，抽干。

将50ml水置烧杯中，加热，加入地巴唑粗品，搅拌，捣碎，用20%盐酸中和至
pH 4～4.5，待全溶后，加活性炭2g，在75～80℃脱色25min，趁热过滤，滤液冷至
5℃后再过滤，结晶用少量冷水洗涤。得地巴唑粗品。

精制 将地巴唑粗品用2倍量蒸馏水加热溶解，加活性炭脱色。趁热抽滤，滤液
冷却，析出结晶。抽滤，用蒸馏水洗三次，抽干，干燥。

【注意事项】

1. 磺化液冷冻，滴加混合酸时，应严格注意反应温度，最好是磺化液降温至 -5℃
以下再加混合酸。

2. 邻苯二胺在水中有一定的溶解度，故反应液应冷却至5℃过滤，冷却时为使结
晶颗粒较大，易于过滤，应继续进行搅拌。过滤洗涤时，水的温度要低，同时用量不
要多。

3. 脱水速度不可过快，以免盐酸损失较多。在160～200℃之间，有时产生大量气
泡，容易发生溢出现象，故在升温时注意观察。用碱液游离时，加碱的速度不宜过快，
应该滴加，并充分搅拌，如有大块固体出现。应该捣碎，以免苯乙酸包在其中不易
除尽。

【思考题】

1. 地巴唑的合成中，如果不经磺化而直接硝化是否可以？将得到什么产品？

2. 根据磺化反应的影响因素，考虑乙酰苯胺的磺化应注意控制哪些条件？

3. 硝化反应如果温度超过规定的范围会有什么影响？

实验二十一　盐酸苯海索的合成

【实验目的和要求】

1. 掌握无水乙醚的制备及操作注意要点。

2. 了解 Grignard 反应、Mannich 反应机制以及在药物合成上的应用。

【实验原理】

【实验材料】

哌啶；95% 乙醇；苯乙酮；多聚甲醛；浓盐酸；氯代环己烷；无水乙醚。

【实验内容】

1. 哌啶盐酸盐的制备 在装有搅拌器、恒压滴液漏斗、回流冷凝管及干燥管的 250ml 三颈瓶中，加入哌啶 30g，95% 乙醇 60ml。在搅拌下从恒压滴液漏斗向反应瓶中滴入浓盐酸 30 ~ 40ml，搅拌至反应液 pH 约为 1。约 1h 后，改装成蒸馏装置，加热蒸去乙醇和水，当反应物呈稀糊状时停止蒸馏。冷却到室温，抽滤，乙醇洗涤，干燥，得白色结晶。

2. β - 哌啶基苯丙酮盐酸盐的制备 在装有搅拌器、温度计和回流冷凝管的 250ml 三颈瓶中，依次加入苯乙酮 18.1g，95% 乙醇 36ml，哌啶盐酸盐 19.2g，多聚甲醛 7.6g，浓盐酸 0.5ml。搅拌下加热至 80 ~ 85℃，回流 3 ~ 4h。然后用流水冷却，析出固体，抽滤，用少量乙醇洗涤，干燥。得白色鳞片状结晶。

3. 盐酸苯海索的制备 在装有搅拌器、恒压滴液漏斗、回流冷凝管及干燥管的 250ml 三颈瓶中，依次加入镁条 4.1g，无水乙醚 30ml，少量碘（一小粒），向恒压滴液漏斗中加入氯代环己烷 22.5g。先从恒压滴液漏斗向三颈瓶中加入氯代环己烷 40 ~ 60 滴。搅拌，用热水浴缓慢升温至微沸，当碘的颜色褪去并呈乳灰色浑浊时，表示反应已经开始，再向恒压滴液漏斗中加入无水乙醚 20ml，然后慢慢滴入余下的氯代环己烷与无水乙醚组成的混合液，滴加速度以控制反应液保持正常回流为宜（如果反应剧烈，应用冷水冷却）。加完后继续回流，直到镁条完全消失为止。冷水冷却，搅拌下于 10min 左右慢慢加入 β - 哌啶基苯丙酮盐酸盐 20g，加完后，再搅拌加热回流 2h。反应液冷却到 15℃ 以下，在玻棒搅拌下缓慢且小心地将反应物倒入装有预先配制好的稀盐酸（22ml 浓盐酸和 66 ml 水）的烧杯中，搅拌 5min，冷却，抽滤，用水洗涤至 pH 约为 5，抽干，得盐酸苯海索粗品。

4. 精制　上述粗品用约 1 ~ 1.5 倍量 95% 乙醇加热溶解，加粗品 2% ~ 3% 活性炭脱色，趁热过滤，将滤液充分冷却到 10℃ 以下，晶体充分析出后，过滤，依次用少量乙醇、水、乙醇洗涤，60℃ 干燥，得白色盐酸苯海索纯品。

【注意事项】

1. 本反应中加热装置采用恒温水浴锅，严禁使用明火。

2. 格氏反应为无水操作，实验结束后应将下次格氏反应时所需的仪器洗涤干净后放入烘箱中烘干备用（恒压滴液漏斗的活塞应取下另行放置，不可一起干燥，不可相互混淆）。

【思考题】

1. 制备格氏试剂时加入少量碘的作用是什么？

2. 在药物制备中格氏反应和曼尼希反应的应用较广，试各举两例。

3. 为什么不一次性将氯代环己烷全部加入？

附录

一、常用有机溶剂的物理常数

溶 剂	m. p. /℃	b. p. /℃	d_4^{20}	n_D^{20}	$\varepsilon/(F \cdot m^{-1})$	$R_D/(ml \cdot mol^{-1})$	$\mu/(C \cdot m)$
乙酸	17	118	1.049	1.3716	6.15	12.9	1.68
丙酮	-95	56	0.788	1.3587	20.7	16.2	2.85
乙腈	-44	82	0.782	1.3441	37.5	11.1	3.45
苯甲醚	-3	154	0.994	1.5170	4.33	33	1.38
苯	5	80	0.879	1.5011	2.27	26.2	0.00
溴苯	-31	156	1.495	1.5580	5.17	33.7	1.55
二硫化碳	-112	46	1.274	1.6295	2.6	21.3	0.00
四氯化碳	-23	77	1.594	1.4601	2.24	25.8	0.00
氯苯	-46	132	1.106	1.5248	5.62	31.2	1.54
三氯甲烷	-64	61	1.489	1.4458	4.81	21	1.15
环己烷	6	81	0.778	1.4262	2.02	27.7	0.00
丁醚	-98	142	0.769	1.3992	3.1	40.8	1.18
邻二氯苯	-17	181	1.306	1.5514	9.93	35.9	2.27
1,2-二氯乙烷	-36	84	1.253	1.4448	10.36	21	1.86
二氯乙烷	-95	40	1.326	1.4241	8.93	16	1.55
二乙胺	-50	56	0.707	1.3864	3.6	24.3	0.92
乙醚	-117	35	0.713	1.3524	4.33	22.1	1.30
1,2-二甲氧基乙烷	-68	85	0.863	1.3796	7.2	24.1	1.71
N,N-二甲基乙酰胺	-20	166	0.937	1.4384	37.8	24.2	3.72
N,N-二甲基甲酰胺	-60	152	0.945	1.4305	36.7	19.9	3.86
二甲基亚砜	19	189	1.096	1.4783	46.7	20.1	3.90
1,4-二氧六环	12	101	1.034	1.4224	2.25	21.6	0.45
乙醇	-114	78	0.789	1.3614	24.5	12.8	1.69
乙酸乙酯	-84	77	0.901	1.3724	6.02	22.3	1.88

续表

溶　剂	m. p. /℃	b. p. /℃	d_4^{20}	n_D^{20}	$\varepsilon/(F \cdot m^{-1})$	$R_D/$ $(ml \cdot mol^{-1})$	$\mu/(C \cdot m)$
苯甲酸乙酯	−35	213	1.050	1.5052	6.02	42.5	2.00
甲酰胺	3	211	1.133	1.4475	111.0	10.6	3.37
异丙醇	−90	82	0.786	1.3772	17.9	17.5	1.66
甲醇	−98	65	0.791	1.3284	32.7	8.2	1.70
2-甲基-2-丙醇	26	82	0.786	1.3877	10.9	22.2	1.66
硝基苯	6	211	1.204	1.5562	34.82	32.7	4.02
硝基甲烷	−28	101	1.137	1.3817	35.87	12.5	3.54
吡啶	−42	115	0.983	1.5102	12.4	24.1	2.37
叔丁醇	25.5	82.5		1.3878			
四氢呋喃	−109	66	0.888	1.4072	7.58	19.9	1.75
甲苯	−95	111	0.867	1.4969	2.38	31.1	0.43
三氯乙烯	−86	87	1.465	1.4767	3.4	25.5	0.81
三乙胺	−115	90	0.726	1.4010	2.42	33.1	0.87
三氟乙酸	−15	72	1.489	1.2850	8.55	13.7	2.26
2,2,2-三氟乙醇	−44	77	1.384	1.2910	8.55	12.4	2.52
水	0	100	0.998	1.3330	80.1	3.7	1.82
邻二甲苯	−25	144	0.880	1.5054	2.57	35.8	0.62

注：m. p. 熔点；b. p. 沸点；d_4^{20}密度；n_D^{20}折射率；ε介电常数；R_D摩尔折射率；μ偶极矩。

二、常用试剂的分级

级别	规格	缩写	应用范围	备注
一级	优级纯试剂（Guaranteed Reagent）	GR	精密科学研究和分析，可作为基准试剂	标签为白底绿字
二级	分析纯试剂（Analytical Reagent）	AR	一般科学研究和分析及化学实验	标签为白底红字
三级	化学纯（Chemical Pure）	CP	一般分析及化学实验	标签为白底蓝字
四级	实验试剂（Laboratory Reagent）	LR	只适用于一般化学实验和合成制备	标签为白底黄字

三、常用溶剂的纯化、干燥和贮藏

溶　剂	沸点（℃）（容许沸距）	初步提纯	进一步的干燥和提纯	贮　藏
戊烷 己烷 环己烷 其他烷烃	36（2~3） 69（2.5）① 80.7（1）	必要时，首先用浓硫酸洗涤几次，以除去烯烃，然后水洗，用 CaCl₂ 干燥、蒸馏，收集潮湿的前馏分之后的正沸物	几乎没有进一步处理的必要，一定要处理时，可利用恒沸蒸馏脱水	500ml 以内贮藏于带塞的试剂瓶中；大量和长期贮藏时应采用螺旋盖的棕色瓶，向其中加入分子筛是没有意义的
苯② 甲苯② 邻二甲苯 间二甲苯 对二甲苯	80.1（0.5） 110.6（1） 144.5 139 138.3（1）	CaCl₂ 干燥、分馏、弃去前面大约 5%~10% 的潮湿的前馏分	重蒸、分去前面 5% 的馏分	
二氯甲烷 三氯甲烷 四氯化碳 1，2－二氯乙烷	40（1） 61.2（0.5） 76.8（0.5） 83.5（1）	水洗，CaCl₂ 干燥、蒸馏、弃去前面大约 5% 的潮湿的前馏分	加入 P₂O₅ 重蒸；在小量和特殊的情况下可通过氧化铝（碱性，一级活性）直接蒸入反应瓶	500ml 以内贮藏于带塞的试剂瓶中；大量和长期贮藏时应采用螺旋盖的棕色瓶，向其中加入分子筛是没有意义的。长期贮藏的三氯甲烷，应放在密闭的瓶中，装满，并保存于黑暗处
乙醚 二异丙基醚	34.5（1） 68.5（1）	检查是否含过氧化物。如证实其存在，用 5% 偏亚硫酸氢钠溶液洗涤。然后以饱和 NaCl 溶液洗涤，用 CaCl₂ 干燥，蒸馏（不能用浓硫酸）	小量：通过相当于其重量 10% 氧化铝（碱性，一级活性）蒸入反应瓶	装于有螺旋盖的金属容器中，几乎装满，置于阴凉黑暗处，长期贮藏时并加以密封③
四氢呋喃 1，2－二甲氧基乙烷（甘醇）	65.5（0.5） 84（1）④	加入 KOH，放置过夜，倾泻，作过氧化物试验。如呈阳性，则加入最多 0.4% 重量的 NaBH₄ 搅拌过夜。加入 CaH₂ 蒸馏，但不能蒸干	在氩气保护下加入金属钾蒸馏；少量的可通过氧化铝（碱性，一级活性）直接进入反应瓶	盛于干燥的塑料瓶中，加入碱性的活性氧化铝，并用氩气保护；长期贮藏时，必须加以密封
二噁烷	101.5（1）④ （m. p. 11~12）		加入金属钠，在氩气保护下蒸馏	盛于干燥的塑料瓶中，加入碱性的活性氧化铝，并用氩气保护；长期贮藏时，必须加以密封，最好冷冻，保存于冰箱中

续表

溶剂	沸点（℃）（容许沸距）	初步提纯	进一步的干燥和提纯	贮藏
二硫化碳	46.5（1）	加入少量 P_2O_5 蒸馏；使用水浴，用蒸汽加热	加入少量汞，振荡，再加入 P_2O_5 重蒸	不要贮藏于实验室极易着火
乙酸乙酯	75.1（0.5）	用活性硫酸钙和（或）无水碳酸钾干燥，倾泻，小心地蒸馏	加入最多5%重量的醋酐后分馏	加入5Å活性分子筛，密闭保存
乙酸甲酯	57（1）			
其他沸点低于100℃的酯			分馏	
乙腈	81.5（0.5）④	顺次以 $MgSO_4$ 和无水 K_2CO_3 干燥，倾泻；加 CaH_2 蒸馏	通过 P_2O_5 分馏；在小量的情况下可通过氧化铝（碱性，一级活性）直接蒸入反应瓶	加入3Å活性分子筛，保存于小瓶中，并注明日期
丙酮	56.2（0.5）	蒸馏，控制2℃的收集沸程，以无水硫酸钙干燥，倾泻、重蒸	如用于氧化反应，需在回流下加入足够数量的 $KMnO_4$，直到紫色不褪为止。蒸馏，干燥，再分馏，通过 NaI 加合物可以得到很纯的试剂	加入新活化的3Å分子筛
2-丁酮	79.2（0.5）	恒沸蒸馏除去水（沸点73.5℃）以无水硫酸钙分别干燥馏出的恒沸物和残余部分，倾泻、重蒸		加入新活化的5Å分子筛
甲醇	64.5（0.5）	即使对于工业级产品，简单蒸馏也已足够	经过预干燥后加入 CaH_2 重蒸，直接蒸入反应瓶	贮藏于小瓶中，加入3Å活性分子筛
乙醇	78.3（0.5）	将95%乙醇与 CaO 一同回流并蒸馏。（CaO 质量至少应达含水量的1.5倍）		贮藏于小瓶中，加入3Å活性分子筛
异丙醇	82.5（0.5）	分馏，蒸去恒沸物（沸点80.3℃）之后收集正沸物；对恒沸物的处理与95%乙醇相同	经过预干燥后加入 CaH_2 蒸馏，直接蒸入反应瓶	贮藏于小瓶中，加入3Å活性分子筛
正丙醇较高级醇	97.2（0.5）	分馏，除去含水的恒沸物后，收集正馏分		贮藏于小瓶中，加入3Å活性分子筛

续表

溶 剂	沸点（℃）（容许沸距）	初步提纯	进一步的干燥和提纯	贮藏
叔丁醇	82.5（0.5）⑤（m. p. 25.8）	水恒沸物沸点 79.9℃，处理与异丙醇相同	经过预干燥后加入 CaH_2 蒸馏，直接蒸入反应瓶。但蒸馏应防止产物凝结于冷凝管中导致堵塞	贮藏于小瓶中，加入 3Å 活性分子筛。但冷天最好保存于温暖处，以免固化
乙二醇较高级的二醇	198，68～70/533.2Pa108～110/3732.4Pa	真空分馏，弃去5%～10% 的前馏分。注意其蒸发潜热很大	溶入1%重量的金属钠，重新分馏	分装于小塑料瓶中，但冷天保存于温暖处，以免固化
硝基甲烷硝基乙烷	101.3（1）③115	$CaCl_2$ 干燥，倾泻，分馏	加入 4Å 分子筛，重蒸	加入 4Å 分子筛贮藏
甲酸	101（1）（m. p. 8.3）	分馏，最好稍作减压。加入邻苯二甲酸酐，回流后重蒸能获得进一步干燥。与水恒沸物的沸点为107℃，含水 22.5%	将经过纯化的试剂完全冷冻，再让其温热，熔化总量的10%～20%，倾出这液化部分，使用剩下的试剂。全都操作应在防止水汽的条件丁完成	贮藏于有螺旋盖的瓶中
乙酸	118（0.5）（m. p. 16.6）	加入总量5%的醋酐和2%的 CrO_3 后分馏		贮藏与有螺旋盖的瓶中
吡啶甲基吡啶	115（0.5）	向粗品中加入 KOH，倾泻，分馏	加入 CaO、BaO 或活性很强的碱性氧化铝，重新分馏	加入 5Å 活性分子筛密闭保存，并注明日期
N，N－二甲基甲酰胺⑥N，N－二甲基乙酰胺N－甲基吡咯烷酮	153，42/1333Pa55/26666Pa（1）166，58～59/1466.3Pa63/2399.4Pa（1）202，78～79/1333Pa96～97/3199.2Pa（1）	真空分馏，弃去前面和最后各10%的馏分，避免常压蒸馏	加入 CaO、BaO 或氧化铝（碱性，一级活性）搅拌过夜，再次真空分馏	加入新活化的分子筛，贮藏于小瓶中，并注明日期。大量贮藏超过500ml 时，经加入大量分子筛
二甲基亚砜	190，50/340Pa72/1360Pa84～85/2932.6Pa（1）（m. p. 8.5）		加入 CaH_2 搅拌过夜，然后从中减压分馏；如已足够干燥，可通过部分冷冻而进一步提纯	
六甲基磷酰三胺	235，68～70/133.3Pa115/1200Pa126/3999Pa（1）（m. p. 7）		加入 CaH_2，于100℃下减压搅拌1h后，真空分馏	分装于小塑料瓶（50ml）中，加入活化的13X 分子筛或除去了矿物油的 NaH，并以氢气保护

注：① 低质的廉价乙烷。

②假定其中没有含硫化合物，如噻吩等。

③加入相当于总量0.001%的二羟基酚，可使其稳定化；即使已产生少量过氧化物，亦能使其重新稳定。

④市售品的纯度常常不合要求，纯化需特别仔细。

⑤溶剂中可能有部分与水形成低沸恒沸物。

⑥据报道，该试剂对光敏感，最好始终贮藏于棕色瓶中。

四、常用冷却剂和最低冷却温度

冷却剂种类	最低冷却温度（℃）
冰	℃
100g C_2H_5OH/100g 碎冰	-15
25g NH_4Cl/100g 碎冰	-15
（40g NaCl + 20g NH_4Cl）/100g 碎冰	-26
33g NaCl/100g 碎冰	-20
（13g $NaNO_3$ + 37g NH_4Cl）/100g 碎冰	-30
33g K_2CO_3/100g 碎冰	-46
143g $CaCl_2 \cdot 6H_2O$/100g 碎冰	-35
150g $CaCl_2$/100g 碎冰	-49
四氯化碳/干冰	-23
三氯甲烷/干冰	-63
乙醇/干冰	-72
乙醚/干冰	-77
丙酮/干冰	-78
三氯甲烷/液氮	-63
甲醇/液氮	-98
正戊烷/液氮	-131
液氮	-196

注：配置冷却剂要用碎冰，盐要预先冷却到0℃。

五、常用干燥剂的分类及使用方法

分类	干燥剂	适合的物质和条件	不适合的物质和条件	干燥原理	干燥特点	使用方法	备注
金属和金属氢化物	Mg	醇类				无水甲醇的制备：甲醇和 Mg 一起加热回流，然后蒸馏出甲醇	不要蒸馏到干涸
	Na	烷烃、芳烃、醚类	用于卤代烃时，有爆炸的危险，不适用于醇、酯、酸、醛、酮、胺类的干燥	$\to NaOH + H_2$	干燥能力高，但在表面易覆盖 NaOH 效果下降，脱水能力小	切成薄片或压成丝状，放入待干燥液体中。对四氢呋喃和乙醚也可加入二苯基甲酮和 Na 回流再进行蒸馏	和水反应生成 H_2，与大量水接触会燃烧，保存和处理时要注意。蒸馏时不要蒸干。用过的 Na 用乙醇分解破坏
	CaH_2	烯烃、卤代烃、t-丁醇、三级胺、醚类、二氧六环、THF、DMSO、吡啶等	醛、酮、羧酸	$\to Ca(OH)_2 + H_2$	脱水容量大，处理方便、适用范围广	加入 CaH_2，在 Ar 或 N_2 气流中蒸馏，或者将粒状的 CaH_2 加到液体中进行干燥	和水反应生成 H_2，保存和处理时要注意
	$LiAlH_4$	醚类、THF 等	易和酸、胺、硫醇、乙炔等含活泼氢的化合物及酮、酯、酰胺、腈、硝基化合物、环氧化物、二硫化物、烯丙醇反应，高沸点化合物	$\to LiOH + Al(OH)_3 + H_2$	同时能分解待干燥物中的醇、羰基化合物、过氧化物	加入 $LiAlH_4$ 在 Ar 或 N_2 气流中蒸馏	$LiAlH_4$ 在 125℃时分解，蒸馏时不要蒸干，过量的 $LiAlH_4$ 用氯化铵水溶液或乙酸乙酯分解。保存时不要与水和 CO_2 接触

续表

分类	干燥剂	适合的物质和条件	不适合的物质和条件	干燥原理	干燥特点	使用方法	备注
中性干燥剂	Na_2SO_4 $MgSO_4$ $CaSO_4$	几乎全部溶剂	Na_2SO_4在33℃以上，$MgSO_4$在48℃以上释放出结晶水，因此不适合在以上温度使用	→$Na_2SO_4 \cdot 10H_2O$、→$MgSO_4 \cdot 7H_2O$、→$CaSO_4 \cdot 1/2H_2O$	Na_2SO_4脱水容量大，脱水速度慢。$MgSO_4$脱水容量大，脱水速度Na_2SO_4快。$CaSO_4$脱水容量小，但脱水力强，速度快	加入到待干燥液体口去	$CaSO_4$在235℃加热2～3h后可以再生
	$CuSO_4$	乙醇、苯、乙醚等	能和甲醇反应，所以不能用于甲醇干燥	→$CuSO_4 \cdot 5H_2O$	无色物呈白色，与结晶水合物呈蓝色	加入到待干燥液体中去	
	$CaCl_2$	烃类、卤代烃、醚类、中性气体等	醇、胺、氨基酸、酰胺、酮、酯、酸等	→$CaCl_2 \cdot 6H_2O$	吸水速度慢，30℃以下生成六水合物，脱水容量大，有潮解性	加入到待干燥液体中去。加入到干燥器、干燥管中使用	
	活性氧化铝	烃、醚类、三氯甲烷、苯、吡啶等		吸附	同时能除去醚类中的过氧化物，处理方便，吸收力大	做成填充柱，让溶剂通过	175℃以上加热6～8h可以再生。加热到800℃以上变成活性氧化铝
	硅胶（蓝色）	几乎全部固体和气体物质		→$SiO_2 \cdot xH_2O$	处理方便，脱水力强，无水时显蓝色，吸水后粉红色	加入到干燥器、干燥管中使用	150℃以上加热2～3h可以再生
	分子筛	卤代烃、醚类、THF、二噁烷、丙酮、DMF、DMSO、HMPA等适用范围pH 5～11	对强酸、碱性物质不稳定	结晶空隙吸水	随干燥时间延长，脱水力显著提高，高温时，吸附力也不降低	加入到待干燥溶剂瓶中，结晶的孔径不同种类，根据溶剂进行选择使用	350℃以上加热3h可以再生

续表

分类	干燥剂	适合的物质和条件	不适合的物质和条件	干燥原理	干燥特点	使用方法	备注
碱性干燥剂	KOH NaOH	胺类等碱性物质、中性或碱性气体	酸、醛、酮、醇、酯等		脱水速度、脱水力大。易潮解	加入到液体、干燥皿、干燥管中使用	
	Na_2CO_3 K_2CO_3	胺类等碱性物质、醇、酮、酯、腈等	酸	→$K_2CO_3 \cdot 2H_2O$		加入到液体中，适合干预干燥	可加热熔化、活化
	CaO	胺类等碱性物质、醇等	酸	→$Ca(OH)_2$	脱水速度小，便宜，可大量使用，能吸收 CO_2	加入到液体、干燥皿、干燥管中使用。块状可粉碎使用	细的粉末中，$Ca(OH)_2$、$CaCO_3$ 为主、干燥能力低
酸性干燥剂	H_2SO_4	Br_2，中性气体	醇、酚、酮、乙烯等		吸收速度、容量大，吸水后浓度降低，干燥能力急剧下降	加到干燥皿、气体干燥瓶中	
	P_2O_5	烃、卤烃、酸酐、腈、中性气体	碱性物质、酮、醇、胺、酰胺、卤化氢、丙酮等	→偏磷酸等	吸水速度、吸水能力最强。在表面上形成偏磷酸膜时，效率变低，生成白色粉末，难处理	加到干燥皿、干燥管中，多用于固体、气体干燥	P_2O_5 的后处理，用乙醇分解或自然放置让其吸湿潮解

六、常见有机溶剂间的共沸混合物

共沸混合物	组分的沸点/℃	共沸物的组成%	共沸物的沸点/℃
乙醇 – 乙酸乙酯	78.3，78.0	30:70	72.0
乙醇 – 苯	78.3，80.6	32:68	68.2
乙醇 – 三氯甲烷	78.3，61.2	7:93	59.4
乙醇 – 四氯化碳	78.3，77.0	16:84	64.9
甲醇 – 四氯化碳	64.7，77.0	21:79	55.7
甲醇 – 苯	64.7，80.4	39:61	48.3
三氯甲烷 – 丙酮	61.2，56.4	80:20	64.7

共沸混合物	组分的沸点/℃	共沸物的组成%	共沸物的沸点/℃
甲苯 – 乙酸	101.5，118.5	72∶28	105.4
三氯甲烷 – 水	61.2，100.0	97.5∶2.5	56.1
四氯化碳 – 水	77.0，100.0	96∶4	66.0
苯 – 水	80.4，100.0	91.2∶8.8	69.2
丙烯腈 – 水	78.0，100.0	87∶13	70.0
二氯甲烷 – 水	83.7，100.0	80.5∶19.5	72.0
乙腈 – 水	82.0，100.0	84∶16	76.0
乙醇 – 水	78.3，100.0	95.6∶4.4	78.1
乙酸乙酯 – 水	77.1，100.0	92∶8	70.4
异丙醇 – 水	82.4，100.0	87.9∶12.1	80.4
乙醚 – 水	35.0，100.0	99∶1	34.0
甲酸 – 水	101.0，100.0	74∶26	107.0
甲苯 – 水	110.5，100.0	80∶20	85.0
正丙醇 – 水	97.2，100.0	71.2∶28.8	87.7
异丁醇 – 水	108.4，100.0	11.8∶88.2	89.9
正丁醇 – 水	117.7，100.0	62.5∶37.5	92.2
吡啶 – 水	115.5，100.0	58∶42	94.0
异戊醇 – 水	131.0，100.0	50.4∶49.6	95.1
正戊醇 – 水	138.3，100.0	55.3∶44.7	95.4
氯乙醇 – 水	129.0，100.0	41∶59	97.8
二硫化碳 – 水	46.0，100.0	98.0∶2.0	44.0
水 – 乙醇 – 苯	100.0，78.3，80.6	7∶19∶74	64.9
水 – 乙醇 – 乙酸乙酯	100.0，78.3，77.1	7.8∶9∶83.2	70.3
水 – 乙醇 – 四氯化碳	100.0，78.3，76.8	4.3∶9.7∶86	61.8
水 – 乙醇 – 环己烷	100.0，78.3，80.8	7∶17∶76	62.1
水 – 乙醇 – 三氯甲烷	100.0，78.3，61.0	3.5∶4∶92.5	55.6
水 – 正丁醇 – 乙酸乙酯	100.0，117.8，77.1	29∶8∶63	90.7

参 考 文 献

[1] 兰州大学，复旦大学. 有机化学实验. 2 版. 北京：高等教育出版社，1994.

[2] 尤启东. 药物化学实验与指导. 北京：中国医药科技出版社，2000.

[3] 李丽娟. 药物合成反应技术. 北京：化学工业出版社，2007.

[4] 国家药典委员会. 中华人民共和国药典（2010 年版）. 北京：中国医药科技出版社，2010.

[5] 闻韧. 药物合成反应. 2 版. 北京：化学工业出版社，2002.

[6] 王世范. 药物合成实验. 北京：中国医药科技出版社，2007.

[7] 陈仲强，陈虹. 现代药物的制备与合成. 北京：化学工业出版社，2002.

[8] 郭宗儒. 药物化学总论. 3 版. 北京：科学出版社，2010.

[9] 姚其正，王亚楼. 药物合成基本技能与实验. 北京：化学工业出版社，2008.

[10] 郭春. 药物合成反应实验. 北京：中国医药科技出版社，2004.

[11] 姚其正，王亚楼. 药物合成基本技能与实验. 北京：化学工业出版社，2008.

[12] 何显对，杨文衡，钟淼. 有机合成药物工艺学. 北京：中国医药工业公司，1985.